알고 나면
잘난 척하고 싶어지는

과학의 대발견
77

알고 나면 잘난 척하고 싶어지는

과학의 대발견 77

ⓒ 지브레인 과학기획팀 · 이보경, 2019

초판 1쇄 인쇄일 2019년 4월 27일
초판 1쇄 발행일 2019년 5월 3일

기획 지브레인 과학기획팀 **지은이** 이보경
펴낸이 김지영   **펴낸곳** 지브레인^{Gbrain}
편집 김현주
마케팅 조명구   **제작 · 관리** 김동영

출판등록 2001년 7월 3일 제2005-000022호
주소 04021 서울시 마포구 월드컵로7길 88 2층
전화 (02)2648-7224   **팩스** (02)2654-7696

ISBN 978-89-5979-608-3 (03400)

알고 나면
잘난 척하고 싶어지는

과학의 대발견
77

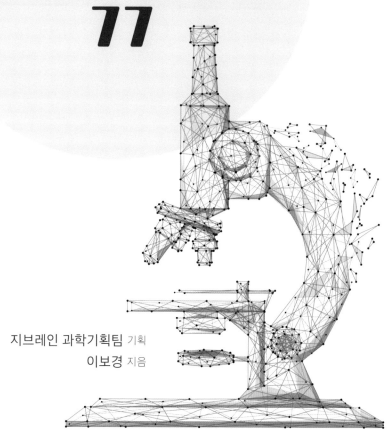

지브레인 과학기획팀 기획
이보경 지음

지브레인

 작가의 말

　인류가 지나온 발자취를 따라가다 보면 변화의 시점마다 위대한 발견이 있었다. 우연한 발견, 간절히 원하며 찾아 나선 발견, 실수에 의한 발견! 그것이 어떤 이유였든 인류는 발견을 통해 과학을 발전시켜왔고 관념을 깨부수었으며 통찰을 넓혀왔다.

　이 책은 물리학, 화학, 지구과학, 생물학, 유전학, 의학에 관한 위대한 발견들을 다루고 있다. 어려운 이론을 자세히 설명하고 이해시키려는 과학책이 아니다.

　하나의 발견이 누구에 의해 어떻게 시작되었는가, 그 발견들은 우리에게 어떤 혜택과 변화를 주었는가? 그리고 또다시 우리에게 어떤 숙제를 남겼는가? 에 대한 한 번쯤은 생각해 봐야 할 내용을 접근하기 쉽게 소개하고 있다. 따라서 너무 심각하게 읽을 필요는 없다. 과학용어를 잘 알지 못해도 괜찮다. 편안한 마음으로 부담 없이 읽으면 된다. 문득 별생각 없이 쓰는 휴대폰이나 네비게이션, 혹은 헤어드라이기가 많은 과학자들의 피땀으로 완성된 작품이라는 사실을 알게 되는 것도 재밌다. 전혀 관심 없던 과학자들의 알 것이라고 생각하던 아인슈타인의 '상대성이론'이 우리 삶을 어떻게 변화시켰는지 알게 되는 것도 즐거울 것이다. 이런 내용을 친구들에게 가볍게 이야기하며 있어 보이는 것도 좋지 아니한가.

우리는 아인슈타인 우주에 살고 있고 맥스웰 방정식으로 정립된 전자기파 세상에서 산다. 모르고 살아도 괜찮지만 4차 산업 시대를 살아가게 될 우리라면 이 정도는 알아두는 것도 괜찮을 것이다. 왜 과학인지, 앞으로의 세상이 단순하고 반복적인 일이 사라지게 되는 이유가 무엇인지를 과학을 알게 되면 이해하게 될 것이다.

4차 산업의 핵심 산업들은 지난 300여 년에 걸친 인류의 노력이 이어져 만들어 낸 금자탑이다. 인류는 전자기학, 전기공학, 화학, 물리학 등의 기초 아래 현재의 문명을 이룩해 냈다. 우리가 어떤 과정을 지나왔는가를 아는 것은 앞으로 걸어가야 할 발걸음의 이정표가 될 것이다. 이제 과학에 대한 이해는 삶의 일부분에서 전부가 될지도 모른다.

이 책을 통해 즐거운 과학, 친숙한 과학, 생활 속의 과학으로 향하는 여행이 시작되기를 바란다.

이보경

CONTENTS

작가의 말		4
머리말		10
1	인도-아라비아 숫자	14
2	전자기	16
3	지동설	20
4	부력	24
5	세균론	27
6	유전법칙	31
7	공룡 화석	33
8	산소	38
9	페니실린	42
10	혈액형	45
11	인슐린	48
12	고무 가황법	51
13	화학비료	54
14	피임약	58
15	혈장	60
16	$E=mc^2$	63
17	지퍼	66
18	DNA 이중나선 구조	69
19	원소주기율표	72
20	전기화학 결합	79

21 원소의 빛 스펙트럼   82

22 전자   85

23 플라스틱   89

24 바퀴   92

25 마취술   96

26 우주 팽창   99

27 해저 확장   103

28 대륙이동설   107

29 인체해부   110

30 혈액순환계   113

31 X-선   115

32 생명의 기원   119

33 자연의 질서   123

34 진화론   126

35 박테리아   130

36 대기권   134

37 빙하기   138

38 백신(예방접종법)   141

39 비타민   144

40 염색체   148

41 목성의 위성   151

42 핼리혜성   154

43 일반상대성이론   158

44 강력과 약력   161

45 원자   164

46 분자   167

47 동위원소   170

48 방사능   173

49 보일의 법칙   176

50 호르몬   179

51 유전학   182

52 전위유전자   184

53 인간 게놈   187

54 신경전달물질   191

55 물질대사   194

56 쿼크   197

57 디지털 정보 이론   200

58 바이러스   203

59 도플러 효과   206

60 공생진화론   210

61 반입자 213

62 질량보존의 법칙 217

63 미토콘드리아 220

64 항생제 223

65 블랙홀 226

66 세포 분열 230

67 생태계 233

68 빅뱅 237

69 지레 241

70 중력 243

71 전기의 성질 247

72 방사선 250

73 양자역학 254

74 전자기파 257

75 반도체 트렌지스터 261

76 핵융합 264

77 인쇄술 267

찾아보기 270
참고 도서 272
이미지 저작권 272

$$a = \frac{F_I}{m} = G\frac{M}{R}$$

사실 과학은 그리 어려운 것이 아니다.

우리가 일상에서 접하는 TV, 냉장고, 엘리베이터, 자동차와 같은 문명의 이기들이 모두 과학의 산물이며, 그 밑바탕에는 과학 법칙이 작용하고 있기 때문이다.

인간은 기본적으로 호기심이 많은 동물이다. 그래서 궁금한 것을 참지 못한다.

"우리는 누구인가?", "우리는 어디서 왔으며, 어디로 가고 있는가?"

인간이 품은 의문은 이런 근원적인 의문만 있는 것이 아니다.

"밤낮은 어떻게 생기고, 계절은 어떻게 바뀌는가?"

"태양은 어떻게 매일 동쪽에서 떠올라 서쪽으로 지는가?"

의문은 꼬리에 꼬리를 물고 이어지는데, 이런 의문들이 바로 과학의 시작이다. 이러한 의문에 처음 답한 것은 신화였다.

신화는 신들이 세상을 창조하였고, 진흙을 빚어 인간을 만들었다고 말한다. 신들은 먼저 남자를 만들고 난 후에 여자를 만들었는데, 이들의 불순종에 대한 벌로 죽음이 생겨났다고 이야기한다.

사람들은 한동안 이러한 신화적 설명을 받아들였지만 신화적 설명에는 한

계가 있었다. 신화적 설명은 더 많은 궁금증을 낳았고, 인간의 이성이 깨어나면서 신화 속에 내재된 논리적 모순과 한계를 발견했다.

마침내 기원전 6C경에 이르자 일단의 고대 그리스 학자들은 자연에서 신을 배제하고 자연을 스스로의 법칙으로 운행되는 존재로 간주하며 이성과 논리를 동원하여 설명하기 시작했다. 이러한 시도는 신화로만 세상을 바라보던 시대에 완전히 새로운 패러다임을 열었다.

하지만 이러한 시도 역시 얼마 후 한계에 부딪히게 되었다. 그 이유는 어느 과학 이론이 옳고 어느 이론이 그른지 판별할 수단이 부족했기 때문이었다. 이후 과학의 발전은 오랫동안 정체되게 되었다.

그러다가 실험을 통해 이론의 옳고 그름을 판별하는 방법을 도입한 17C에 이르러 과학은 비약적으로 발전하기 시작했으며, 이를 바탕으로 오늘날과 같은 놀라운 문명의 발전을 이룩하게 되었다.

이 책은 인류의 삶에 지대한 영향을 끼친 과학적 발견과 발명들을 소개하고 있다. 인류를 처음 문명의 길로 이끌었던 간단한 바퀴와 지레에서부터 우주의 기원을 설명하는 빅뱅과 블랙홀에 이르기까지 과학이 발견해온 놀랍고도 흥미진진한 사실들을 이야기 형식으로 쉽게 설명하고 있다.

　이제 우리는 온통 주변이 과학인 과학의 바다 앞에 서 있다. 우리는 해변에서 과학의 바다를 바라보기만 할 수도 있고 과학의 바다에 뛰어들어 수영을 하거나 윈드서핑을 즐길 수도 있다.

　다시 말해, 우리는 과학을 잘 모르고도 TV나 자동차, 인터넷 등을 이용할 수 있지만 과학을 잘 안다면 우리는 과학을 즐길 수 있고, 과학을 더 유용하게 이용할 수도 있다. 여기에 더하여 세상을 바라보는 시각이 넓어지고, 우주를 이해하는 깊이가 더해질 것이다. 과학의 시대를 살고 있는 우리에게 과학은 알면 좋고 몰라도 되는 것이 아니라 지식인의 필수 교양이다.

수원대 물리학과 교수 김충섭

고대부터 이어진 인간의 호기심은 과학을 발전시켰고 우리의 생활은 그 과학으로 가득차 있으며 인류
의 미래 역시 여전히 신비에 쌓인 우주를 이해하기 위한 과학계의 노력이 더해질수록 비약적 발전을 이
루게 될 것이다.

1 인도-아라비아 숫자

인류 역사상 가장 위대한 발명 중 하나는 숫자이다. 현대문명의 근간을 이루고 있는 과학과 수학은 숫자 없이 존재할 수 없었다.

우리에게 아라비아 숫자라고 알려져 있는 0~9까지의 숫자는 아라비아에서 발명한 것이 아니다. 인도에서 유래된 숫자가 아라비아를 통해 유럽에 전해졌기 때문에 아라비아 숫자라는 이름이 명명된 것이었다. 현재는 전 세계에 공식적으로 통용되고 있는 0~9까지의 숫자를 인도-아라비아 숫자로 부르고 있다.

로마, 바빌로니아, 중국 등 수많은 나라의 숫자들이 있었음에도 인도-아라비아 숫자가 공식

유럽	0 1 2 3 4 5 6 7 8 9
인도 아라비아	٠ ١ ٢ ٣ ٤ ٥ ٦ ٧ ٨ ٩
동부 인도 아라비아 (페르시안과 우르두)	٠ ١ ٢ ٣ ۴ ۵ ۶ ٧ ٨ ٩
데바나가리 (힌디)	० १ २ ३ ४ ५ ६ ७ ८ ९
타밀	க உ ௩ ச ௫ ௬ எ அ கூ

화 되고 빠르게 보급 될 수 있었던 이유 중 하나는 편리함이었다. 인도-아라비아 숫자는 특별한 도구 없이 빠르게 계산이 가능하도록 했고 다양한 수를 표현하는 데 편리했으며 십진법을 사용하여 큰 수를 표현하고 셈하는데 매우 효율적이었다. 또한 도형의 넓이나 길이에 집중해 오던 그리스 수학에서 벗어나 대수학^{algebra}을 발전시킬 수 있는 기초가 되었다.

인도-아라비아 숫자의 발명으로 우리의 삶은 엄청난 변화를 맞이하게 되었다. 단 10개의 숫자만 익히면 어린아이부터 노인에 이르기까지 누구든 쉽게 암산이 가능하게 되었다. 이 편리해진 계산법은 좀 더 정교하고 투명한 상거래를 발전시켰고 금융업과 무역업을 확장시켰으며 조세제도를 바꿨다. 과학자들에게는 상상을 논리적인 수식으로 표현 할 수 있게 해 주었으며 이론을 현실화 할 수 있게 해 주었다.

몸무게를 재는 것부터 로켓의 궤도를 계산하는 것까지 이 세상 모든 것들의 기준이 되었다. 이러한 변화는 고대로부터 현대에 이르기까지 인류문명을 획기적으로 바꾸는데 기초가 되었다.

2 전자기

1820년은 과학사에 있어 매우 중요한 해였다. 개별적인 힘으로 여겨졌던 전기와 자기(자석의 힘)의 연결고리인 전자기를 발견한 해였기 때문이다.

전자기의 발견 이후 파생된 과학적 발명들은 우리 생활을 환상적으로 변화시켰다. 하지만 그 엄청난 파장에 비해 전자기의 발견은 매우 소박한 것에서 시작되었다.

전자기 현상을 처음 발견한 사람은 덴마크의 물리학자이자 화학자였던 한

1820년 전자기학을 발명한 외르스테드의 실험모습. 작자 미상.

전자기 스펙트럼

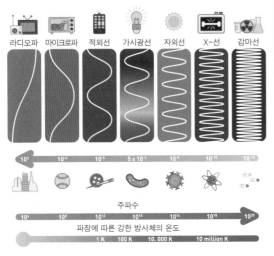

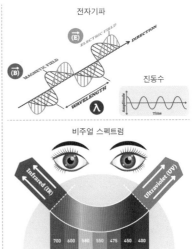

스 외르스테드였다.

수많은 학자들이 전기와 자기의 연관성을 찾아 헤맬 때 외르스테드가 정작 관심을 두고 있었던 것은 화학이었다. 외르스테드는 화학을 통해 자연의 근원적인 힘을 찾고자 노력했으며 아이러니하게도 전기에 큰 관심이 없었다.

외르스테드가 전자기 현상을 처음 발견한 것은 전류가 흐르는 백금 전선의 열 발생 실험을 강의하던 대학원 수업 중에 일어났다. 전선에 전류가 흐르자 우연히 전선 주위에 있었던 나침반의 바늘이 90도로 돌아가는 것을 목격한 것이었다. 최초로 전자기를 발견한 감동적인 순간이었지만 막상 외르스테드가 이 실험을 본격적으로 확장시킨 것은 몇 달이 더 지나서였다.

전자기의 발견은 이 후 강력한 전자석과 전동기의 발명을 이끌어 냈다. 전자석과 전동기는 현재 우리가 사용하고 있는 거의 모든 전자 제품의 핵심 원

현대 인류는 전자기의 발명으로 눈부신 편리한 세상을 살고 있다.

리에 이용되고 있다. 전기를 생산하고 공장의 컨베이어벨트를 돌리며 타워크레인으로 엄청난 무게를 들어 올리는 것에서부터 헤어드라이기, 선풍기, 믹서기, 진공청소기 등의 소소한 생활용품까지도 전자석과 전동기가 관여하지 않는 곳은 없다. 이 모든 것들의 시작은 전자기의 발견이었다.

전자기의 발견으로 인해 인류는 역사 상 가장 편리하고 쾌적한 삶을 선물받았으며 고도로 발달된 문명을 빠른 시간 내에 이룰 수 있었다.

현대인의 삶에 필수가 된 전자제품들.

❸ 지동설

1543년! 폴란드 출신의 천문학자 코페르니쿠스는 천체의 회전에 관하여라는 책을 출간한다. 이 책은 행성들이 태양을 중심으로 운행하는 지동설의 내용을 담고 있었다. 당연히 중세 유럽 사람들과 교회는 받아들일 수 없었다.

코페르니쿠스 또한 자신의 이론이 비판받을 것을 잘 알고 있었다. 《천체의 회전에 관하여》는 그의 연구가 끝난 이후 20여 년이 흐른 임종 직전에 세상에 내놓을 수 있었으며 마치 하나의 가설처럼 포장되었다. 이 책은 결국 1616년에 금서가 되었다.

니콜라스 코페르니쿠스.

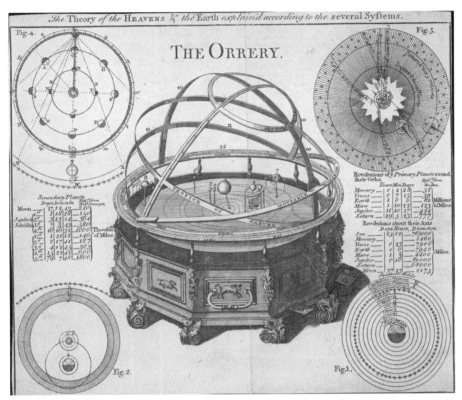

천계와 지구의 모습을 형상화한 이미지. 오른쪽 아래에 코페르니쿠스의 지동설 이미지가 있다(1749년 작, 그리니치 로열 박물관 소장).

지동설은 코페르니쿠스 이후 브라헤와 케플러 그리고 갈릴레이에 이르러 더욱 정교해지고 체계화되어 갔다. 코페르니쿠스의 지동설이 인류의 세계관을 바꿔놓았다는 것은 모두가 인정하는 사실이다. 이것은 대변혁이며 대혼란의 시작이었다. 하지만 그것 말고도 지동설이 갖는 의미는 매우 크다.

지동설이 나타나기 전 고대 그리스 과학자였던 프톨레마이우스의 천동설은 1500년간 교회의 정당성을 부여하는 진리였다. 오래전부터 많은 과학자들로부터 의심받아왔음에도 불구하고 천동설을 부정할 수 있는 사람은 없었다. 그

코페르니쿠스의 태양 중심설 모델(1543년, 지동설).

프톨레마이우스의 지구 중심설 모델(1660년, 천동설).

런데 코페르니쿠스가 용감하게 의문을 제기한 것이다.

코페르니쿠스는 복잡한 추론이나 자신의 믿음에 힘겹게 꿰어 맞춘 이론을 주장하기 위해 천동설에 의구심을 갖고 연구한 것이 아니었다. 그의 지동설은 단순한 추론이나 생각이 아닌 철저한 관찰과 수많은 관측 자료의 비교를 바탕으로 주장된 이론이었다.

코페르니쿠스의 지동설은 관찰에 의한 분석을 통해 합리적으로 이론을 발전시켰다는 것에 큰 의미가 있다. 결국 그러한 실증적 연구방법이 근대 천문학과 과학의 문을 열었다. 코페르니쿠스로부터 시작된 근대과학은 뉴턴에 이르러 꽃을 피웠고 현대 과학의 기초를 다졌다.

코페르니쿠스의 지동설을 기념하는
몽골 우표.

안토닌 로타가 그린
〈코페르니쿠스의 죽음〉.

4 부력

유레카! 이 단어는 과학사에 남을 위대한 발견에 대한 기쁨의 감탄사로 유명하다.

고대 그리스 수학자인 아르키메데스가 히에론 왕에게서 받은 숙제의 답을 알아낸 기쁨의 표현 유레카의 이야기는 다음과 같다.

히에론 왕은 새로 만든 왕관이 금으로만 이루어졌는지 의심이 들었다. 왕관 제작자를 믿을 수 없었던 왕은 아르키메데스를 불러 왕관을 훼손하지 않고 금의 함량을 알아내라고 명령했다. 왕관을 그대로 둔 채 만든 재료를 알아내야 했던 아르키메데스는 고심에 빠졌다. 그러던 어느 날 목욕을 하기 위해 욕조로 들어가던 아르키메데스는 자신이 들어가자 밖으로 넘치는 물을 보게 되었다. 순간 아르키메데스는 깨달았다. 더해진 질량만큼 물이 넘치는 것에서

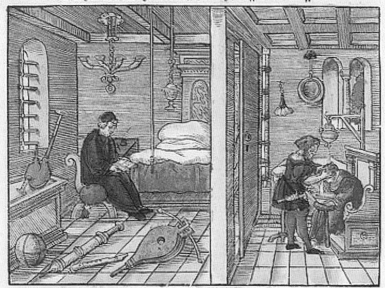

CTESIBIVS eins Balbierers Soñ/erster erfinder Künstlicher Mechanischer Machination durch den Trib/Gewicht/Lufft vnd Wassers.

ARCHIMEDES erster erfinder scharpfffinniger vergleichung/ Wag vnd Gewicht/durch auß fluß des Wassers.

Quelle: Deutsche Fotothek

아르키메데스 깨달음의 순간이었던 유레카를 이미지화한 작품.
왕관이 순금으로 만들어졌는지 은이 섞인 것인지를 알아내라는 왕의 명령을 받은 아르키 메데스는 왕관과 같은 무게의 금을 준비해 각각 물에 넣었을 때 넘치는 물의 양으로 왕 관에 은이 섞인 것을 밝혀냈다.

부력은 많은 자연 현상을 설명할 수 있게 해줬고 비행기, 배의 탄생에 기여했다.

부력을 발견한 것이다. 이것이 바로 유레카의 순간이었다.

이 발견은 아르키메데스 자신뿐만이 아닌 인류 전체에게도 엄청난 사건이었다. 부력의 발견으로 인해 인류는 배와 비행기를 만들 수 있었다. 또한 과학과 기술의 기초를 마련했으며 설명할 수 없는 물리적 현상들을 수학으로 풀어낼 수 있게 되었다. 아르키메데스의 발견으로 인류는 또 한번 발전할 수 있었으며 기초 과학의 초석을 마련하게 되었다.

잠수부가 잠수할 때 공기방울이 위로 올라가는 현상도 부력에 의해서이다.

세균론 5

세균은 공기 중 어디든지 존재하며 영양분을 공급받은 모체로부터 번식하여 부패와 병을 일으킨다고 생각했던 과학자가 있었다. 1800년대 후반은 대부분에 학자들이 생물은 모체가 없어도 무기물로부터 자연스럽게 발생한다는 자연발생설을 인정하며 미생물 또한 자연발생설을 따른다고 생각했던 시기였다.

루이 파스퇴르.

과학자는 자신의 생각을 굽힐 수가 없었고 결국에는 백조 목처럼 구부러진 모양의 플라스크로 독특한 실험장치를 만들게 된다. 자신의 이론을 증명하기 위해 백조 목 플라스크 실험에 열중했던 그는 프랑스의 화학자이자 미생물학자인 루이 파스퇴르다.

파스퇴르는 이 실험장치를 통해 세균의 자연발생설이 잘못된 이론이었으며 병의 원인이 미생물이라는 것을 증명하게 된다. 파스퇴르의 발견과 증명이 우리 인류에게 가져다준 혜택과 공로는 엄청난 것이었다. 파스퇴르가 개발한 가장 대표적인 것은 바로 저온살균법이다.

저온살균법은 우유, 와인 등 액체로 되어있는 식품들의 부패방지를 위해 지금까지도 이용되고 있는 방법이다. 이 살균법으로 인해 생산지로부터 멀리 떨어져 있는 사람들도 안전하게 우유와 포도주를 비롯한 많은 액체류 식품을 맛볼 수 있게 되었다.

파스퇴르는 가축과 인간에게 병을 일으키는 원인균을 밝혀냈으며 광견병,

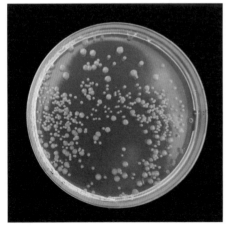

배양균.

곰팡이 핀 빵.

파스퇴르의 발견과 증명은 감염 예방과 질병 치료에 큰 도움이 되었다.

탄저병, 닭 콜레라의 예방 백신을 만들어 감염과 질병 예방에 큰 도움을 주었다. 또한 외과 수술 중에 세균 감염으로 인해 죽어가는 사람들을 구할 수 있게 되었으며 외과 의사들 또한 안심하고 수술에 임할 수 있었다.

파스퇴르의 미생물 발견과 연구는 식품, 질병, 의학, 농업 등 다양한 분야에 걸쳐 사람들의 삶을 실제적으로 향상시키고 병을 극복하는 데 중요한 역할을 했다는 것에 매우 큰 의미를 지닌다.

유제품.

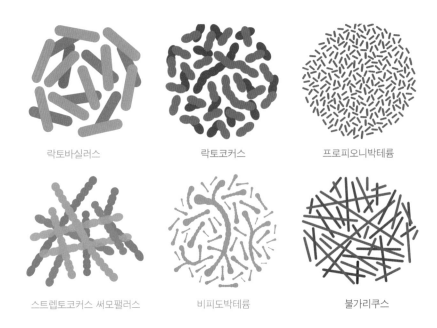

락토바실러스	락토코커스	프로피오니박테륨
스트렙토코커스 써모필러스	비피도박테륨	불가리쿠스

소화기, 장 건강에 유익하다고 알려진 프로바이오틱스의 종류는 다양하다.

유전법칙 6

1865년 오스트리아 브륀에는
조용한 수도원이 있었다. 이곳에는 6년간 이어온
자신의 실험에 열중하고 있던 한 수도사가 있었
다. 수도사는 수도원의 한 켠에 마련된 작은 정
원에서 다양한 색깔, 모양, 크기를 가진 완두콩을
심어 생태를 관찰하고 있었다. 6년이란 긴 기간
동안 다양한 콩을 교배하며 유전에 대해 연구하
고 있던 이 사람은 수도사이자 유전학자인 그레
고어 멘델이다.

그레고어 멘델 기념 우표.

멘델은 이 작은 정원에서 한 형질이 후손에게 어떻게 이어지는가에 대한 연

멘델은 완두콩 중 둥근 완두
콩과 주름진 완두콩을 교배
해 자식 세대의 완두콩 유전
을 연구했다.

구를 해오고 있었다. 그리고 오랜 열정과 노력으로 결국 유전학의 기본 이론인 우열의 법칙, 분리의 법칙, 독립의 법칙을 발견했다.

그의 논문은 아쉽게도 생전에는 큰 주목을 받지 못했다. 하지만 1900년대 들어서 코렌스, 드브리스, 체르마크에 의해 재조명되었고 유전학의 시초가 되었다.

멘델의 발견은 유전학의 토대를 이루었으며 그 토대로부터 이어진 유전학의 성과는 유전자, 염색체, DNA 발견을 이끌어 낸다. 결국 멘델로부터 시작된 유전학은 2003년 인간 게놈의 완성으로 꽃을 피운다.

유전법칙의 발견은 유전학뿐만이 아닌 의학의 발전에도 엄청난 영향을 주었다. 수많은 인간의 질환이 유전에 의한 것임을 알아내고 인간의 질병 규명과 치료에 큰 도움이 되었다.

멘델의 발견이 우리에게 준 가장 큰 선물은 인류의 질병을 극복하는 의학의 발전을 가능하게 한 시작점이 되었다는 것이다.

공룡 화석 7

티라노사우르스, 트리케라톱스, 벨로시랩터, 프테라노돈… 우리가 한 번쯤은 들어봤을 법한 공룡의 이름들이다. 아이들에게는 상상력을 자극하는 최고의 소재이며 어른들 또한 매료될 수밖에 없는 미지의 생물인 공룡! 그 발견의 첫 시작은 영국인 의사 기디언 맨텔과 옥스퍼드대 교수 윌리엄 버클랜드에 의해서 이루어졌다.

1824년 맨텔과 버클랜드는 각각 자신들이 발견한 거대 생물의 뼈에 대한 책과 논문을 쓰고 뼈의 주인들에게 이구아노돈과 메갈로사우루스라는 이름을 붙여주었다. 그 이름들은 각각 이구아나의 이빨과 거대한 도마뱀이라는 뜻을 담고 있다. 그들은 또한 책과 논문에서 이구아돈과 메갈로사우르스가 거대한 파충류라는 사실을 알렸다.

공룡이 활동하던 시대를 이미지화했다.

 공룡 화석의 발견은 인류에게 사고의 큰 전환점을 가져다주었다. 지구상에 존재하는 모든 생명체가 태고부터 변함없을 거라는 믿음을 무너뜨렸고 그동안 한 종의 생물이 영원히 지속되지 않는다는 것을 알게 해주었으며 모양과 형태가 변화해 간다는 사실도 알게 되었다.

 이러한 사고의 전환은 자신의 주변을 둘러싸고 있는 모든 생물들은 고정불변하다고 생각했던 것에 벗어나 생물학적으로 진화한다는 생각에 힘을 실어 주게 되었다.

공룡 화석의 다양한 형태들.

박물관에 전시된 공룡 화석.

8 산소

화학을 공부하지 않더라도 우리에게 산소는 아주 친숙한 기체이다. 인간은 단 3분만 산소 공급이 되지 않아도 생물학적 사망에 이른다. 250여 년 전만 해도 공기 안에서 산소를 분리하여 생각한다는 것은 상상하기 어려운 일이었다. 산소라는 이름을 명명한 것은 근대화학의 아버지라 불리는 프랑스의 대화학자 라부아지에였다.

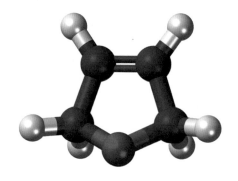

산소 분자 모델.

식물은 태양에너지를 흡수해 살아가며 산소를 배출한다.

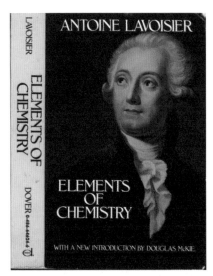

앙투안 로랑 라부아지에와 그의 아내의 초상화로 자크 루이 다비드(1788년 작).

라부아지에의 저서 《화학 원론》 번역본 표지.

라부아지에가 산소를 명명하기 이전만 해도 과학자들은 물질을 태우는 것은 플로지스톤이라는 물질 때문이라고 생각했다. 실제로 산소를 처음 발견한 사람은 1774년 영국의 성직자였던 조지프 프리스틀리였다. 안타깝게도 프리스틀리는 자신이 발견한 기체가 플로지스톤이 빠져나간 공기라고만 생각했다. 결국 프리스틀리가 발견한 산소는 라부와지에 의해 재평가되었으며 플로지스톤설을 완전히 끝내게 되었다.

산소의 발견은 화학사에 있어 혁명과도 같은 일이었다. 공기는 단일 물질이라는 생각을 바꿔놨으며 기체를 분리하는 효율적인 방법을 개발해냈다. 또한 연소라는 것이 화학반응에 있어 어떤 의미가 있는지를 알게 해 주었다. 물질의 연소를 이해하는 것은 에너지 변환을 이해하는 것과 같았다. 이후 화학자들의 관심을 금속에서 기체로 바꾸는데도 영향을 미쳤다. 그중 한 사람이 라부아지에였다. 라부아지에는 산소로 인해 지금 우리가 사용하는 화학 용어를 정립할 수 있었다.

　라부아지에의 화학 용어 정립은 19세기와 20세기에 걸쳐 화학 발전의 토대를 마련해 주었다. 이후 이루어진 수많은 화학적 성과물들은 현재 우리의 삶을 풍요롭게 해주고 있다.

　오늘날 산소는 합성 화학공업, 철강 산업, 금속 제련과 용접, 로켓 추진체, 의약용 등 현대 산업에 매우 중요한 용도로 사용되고 있다.

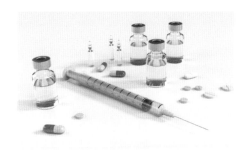 

산소는 철강, 금속 제련, 의학 등등 현대 산업 곳곳에서 중요한 용도로 사용되고 있다.

9 페니실린

페니실린 분자식.

위대한 발견은 기대하는 것과는 달리 어이없는 실수에서 시작되기도 한다. 그 대표적인 이야기 중 하나가 페니실린의 발견이다.

1928년 영국의 세균학 교수였던 알렉산더 플레밍은 포도상구균 배양 접시를 뒤덮고 있는 푸른곰팡이를 발견한다. 순간 플레밍은 자신의 부주의함에 매우 실망을 하고 있었다. 이 당시만 해도 플레밍은 자신의 실수가 수많은 생명을 구하게 될지 전혀 알지 못했다.

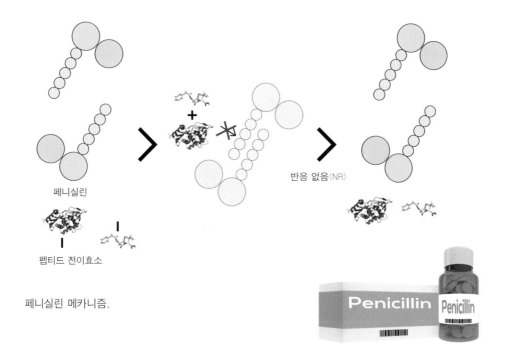

페니실린

펩티드 전이효소

반응 없음(NR)

페니실린 메카니즘.

Penicillin Penicillin

망쳐버린 배양접시를 바라보던 플레밍은 문득 푸른곰팡이 주변에 포도상구균이 자라지 않는 것을 발견하게 된다. 충격적인 순간이었다. 후에 플레밍은 푸른 곰팡이로부터 항균작용을 하는 물질을 발견하게 되었고 그 물질에 페니실린이라는 이름을 붙였다.

이어진 실험을 통해 페니실린은 포도상구균뿐만이 아닌 인간에게 치명적인 폐렴구균, 디프테리아균 등을 죽이는데도 효과가 있음을 밝혀내게 된다.

페니실린의 발견 이후 영국 화학자 도러시 호지킨과 하워드 프로리, 언스트 체인은 연구를 통해 배양이 매우 까다로웠던 푸른곰팡이에서 페니실린을 대량 합성해내는 데 성공했다. 이러한 연구 성과로 인하여 인류 최초의 항생제

알렉산더 플래밍과 그의 연구실.

페니실린이 대량으로 만들어지면서 감염과 질병으로부터 수많은 사람들의 생명을 구할 수 있었다. 그리고 인류의 삶은 획기적으로 발전했다. 페니실린은 세균 감염으로부터 수십만 명의 생명을 구했을 뿐만이 아니라 의료의 발전과 항생제 제조 산업의 발전을 가져온 것이다.

　페니실린의 발견 이후 현재까지 바이러스, 세균, 박테리아에 의한 질병을 극복하는데 수백 종의 항생제가 개발되었고 불과 100여 년 전만 해도 불치병이라 여겨 죽음을 맞이했던 사람들의 생명을 구하는 첫 시작이 되었다.

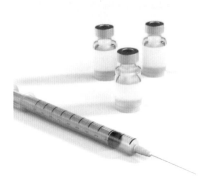
오늘날에는 수백 종의 항생제가 사람들을 돕고 있다.

혈액형 10

위험한 수술을 하거나 응급상황에서 수혈은 필수적이다. 그
리고 불과 120년 전 만 해도 외과 수술은 목숨
을 걸어야 할 만큼 위험천만한 일이 많았다.

1897년 카를 란트슈타이너가 혈액형을 발견
하기 전까지만 해도 사람들의 혈액은 모두 똑같
다고 생각했다. 의사인 란트슈타이너는 수혈을
받은 뒤 사망한 환자를 조사하고 있었다. 이들은
모두 혈액 응고로 사망한 환자들이었다.

혈액 응고로 사망한 환자를 많이 보았던 란트
슈타이너는 경험을 바탕으로 20명의 환자들에게

카를 란트슈타이너.

혈액형 타입.

	A	B	AB	O
적혈구 세포 타입				
혈장 속 항체	Anti-B	Anti-A	None	Anti-A and Anti-B
적혈구 속 항원	A antigen	B antigen	A and B antigens	None
혈액형별 헌혈 성향	A, O	B, O	A, B, AB, O (AB⁺ is the universal recipient)	O (O is the universal donor)

혈액 샘플을 채취해 그 원인을 조사하게 된다. 란트슈타이너는 환자들에게서 받은 혈액샘플을 각각 섞어 응고되는지를 관찰하는 과정에서 이상한 점을 발견하게 된다. 혈액을 섞었을 때 서로 엉키는 혈액이 관찰되기 시작한 것이다.

그렇게 서로 엉기는 혈액을 분류해 가던 란트슈타이너는 사람마다 혈액이 다르다는 것을 발견하게 된다. 사람의 혈액은 적혈구가 응고하는 정도에 따라 다르며 서로 반응하는 정도에 따라 A형, B형, O형, AB형이라고 명명하게 된다. 이와 같은 공로를 인정받아 그는 1930년 노벨 생리의학상을 수상한다.

혈액형의 발견은 외과수술에 있어 보다 안전하고 실패확률을 적게 해주었

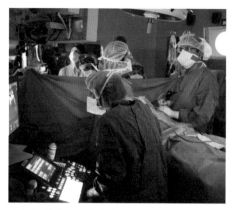
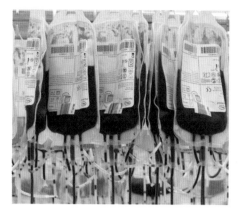

수술용 혈액을 준비하게 되면서 안전한 수술이 가능해졌다.

다. 환자에게 맞는 혈액형을 알게 되면서 수혈의 부작용에서 벗어날 수 있었고 수혈은 치료의 한 방법으로 안전하게 이용되었다. 현대에 와서는 법률 분야에서 이용되는 친자검사와 법의학 분야의 혈흔검사에도 이용되고 있다.

혈액형의 발견으로 가장 발전한 분야는 유전 연구와 장기이식 분야이다. 혈액형의 발견은 장기이식의 성공확률을 높이는 발판이 되었고 그로 인해 수많은 사람들의 생명을 구하는 데 혁혁한 공을 세웠다.

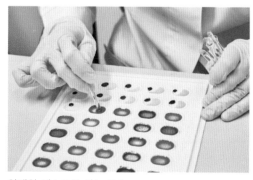

혈액형 테스트를 하는 모습.

11 인슐린

풍족한 음식과 편리해진 생활은 현대인들에게 많은 질병을 안겨다 주었다. 그 대표적인 질병 중 하나는 당뇨병이다. 당뇨병은 오줌에서 단맛이 난다고 하여 이름 붙여진 병으로 현대인에게는 너무나 흔한 질병이 되어버렸다.

당뇨병은 오랜 세월 동안 완치되기 불가능한 병으로 생각되었고 변변한 치료제 또한 없었다. 불과 100년 전만 해도 당뇨병은 죽음을 의미했다. 당뇨병은 기능을 상실한 췌장이 인슐린 분비를 하지 못해서 생기는 병이다. 인슐린은 혈액 속에 저장된 포도당 성분을 세포와 근육으로 보내어 에너지로 쓸 수 있게 도와주는 호르몬이다. 인슐린 분비가 되지 않으면 혈액 속에 넘쳐나는 포도당으로 문제가 생기는 병이었다.

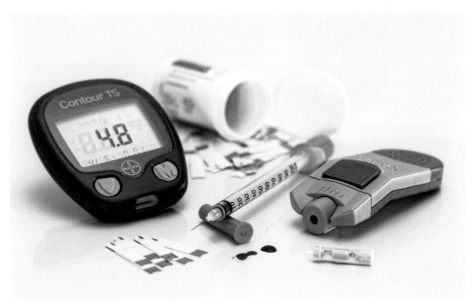

당뇨 체크기 및 인슐린 주사기.

　이렇게 오랜 세월 불치의 병으로 여겨졌던 당뇨병은 캐나다 출신의 한 의사에 의해 극복할 수 있는 병이 되었다. 프레더릭 벤팅은 1921년 많은 사람들을 당뇨병의 공포로부터 벗어날 수 있는 길을 열어주었다.

　벤팅은 임상의로서의 삶보다는 연구의로서의 삶을 선택한 의사였다. 오랫동안 당뇨병을 앓아왔던 친구의 고통을 지켜 본 벤팅은 자연스럽게 당뇨병에 관심을 가지게 되었다. 벤팅의 가장 큰 숙제는 인슐린을 만들어 내는 것이었다.

　사실 이 노력은 벤팅만 한 것은 아니었다. 수많은 학자들의 노력에 의해 실행되어 왔던 실험이 이어져 벤팅에게 인슐린 추출의 단서를 마련해 주었다. 벤팅은 지금까지 행해졌던 인슐린 추출 방법을 뛰어넘는 새로운 아이디어를

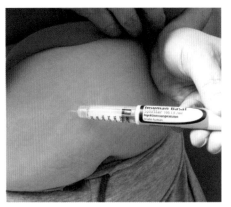

인슐린 주사기가 개발되면서 환자 스스로 주사할 당뇨 검사하는 모습.
수 있게 되었다.

가지고 있었다.

벤팅의 열정과 노력은 토론토 대학의 매클라우드 교수의 후원을 이끌어 낸
다. 결국 벤팅은 수 십 번의 실험용 개 실험을 통해 당뇨병 치료제인 아일레
틴 추출에 성공하고 매클라우드 교수의 권유를 받아 인슐린이라고 이름지
었다.

끊임없는 투약방법의 발전과 개선이 이
루어지게 된 벤팅의 인슐린 추출은
당뇨병으로 고생하는 수많은 환
자들을 죽음의 공포로부터 구해
냈으며 정상적인 생활을 통해 행
복한 삶을 유지할 수 있도록 도움
을 주었다.

고무 가황법 12

고무는 인류가 오랫동안 사용해 온 실용 소재이다. 하지만 고무의 폭넓은 유용함을 알게 된 것은 얼마 되지 않은 일이다.

고무가 유럽에 전해졌던 15세기만 해도 고무의 역할은 특별히 대단해 보이지 않았다.

찰스 굿이어.

고무가 현대생활에서 매우 중요한 소재로 사용되기 시작한 것은 인조고무의 합성법을 알게 된 이후였다.

인조고무의 합성법을 최초로 개발한 사람은 미국의 발명가 찰스 굿이어였

다. 대부분의 위대한 발명은 위대한 발견으로 시작되기 마련이다. 굿이어도
마찬가지였다.

그가 처음으로 인조고무의 합성법을 알아내게 된 것은 어이없이 일어난 한
사건으로부터 시작되었다. 1839년 어느 날 굿이어는 오랜 시간 애써 만든 고
무덩어리에 실험실에 들어온 고양이가 실수로 엎은 유황가루가 잔뜩 묻어 있
는 것을 발견한다. 너무나 화가난 나머지 고양이에게 던진 고무 덩어리는 우
연찮게 난로 위에 떨어졌다. 최초의 인조고무 제조법이 탄생한 순간이었다.

유황과 천연고무를 가열하여 만든 인조고무는 발전을 거듭하여 합성고무의
시대를 열었다.

굿이어의 발견은 자동차 산업의 발전을 이끈 핵심 소재 타이어를 만들어 낸
다. 굿이어의 고무 가황법의 발견은 우리에게 탄력 있고 부드러우며 안정성

있는 타이어를 선물했다. 또한 스포츠 용품, 고기능성 옷, 방수 소재, 피임 도구 등 수많은 생활용품에 사용되었다. 심지어는 압력밥솥의 고무 패킹에서 우주선의 소재까지 그 영역은 더 확장되고 있다.

이제 우리의 삶은 합성고무가 없는 세상을 상상하기조차 어려울 만큼 합성고무는 매우 중요한 소재가 되었다.

합성고무를 이용한 제품은 우리 주변에 수없이 많다. 그리고 합성고무가 없는 우리 삶은 상상할 수 없다.

13 화학비료

세상에서 가장 신비로운 마술이 있다면 무엇일까? 만약 공기로 빵을 만드는 마술이 있다면 우리는 영원히 굶어 죽을 걱정은 하지 않아도 될 것이다. 이 마술과도 같은 일을 실현시킨 과학자가 있었다. 그 주인공은 바로 독일의 화학자 프리츠 하버이다.

1909년 하버는 공기 중 질소로부터 암모니아를 합성하는 데 성공한

프리츠 하버.

트렉터를 이용해 액체비료를 살포하고 있다.

다. 암모니아는 토양에 영양분을 공급하여 식량 생산량을 높일 수 있는 비료의 중요한 성분 중 하나이다. 하지만 천연비료에서 얻어내는 데는 많은 한계를 가지고 있었다.

하버의 암모니아 합성은 엄청난 압력을 통해 질소와 수소를 결합시키고 촉매로 오스뮴을 찾아낸 쾌거였다. 그러나 안타깝게도 인위적인 합성으로 얻을 수 있는 암모니아의 양은 너무나 적었다. 후에 하버는 독일의 최대 화학 공장의 수석 화학자였던 보슈와 힘을 합친다.

그는 수만 번의 실험 끝에 새로운 촉매제인 산화철을 이용한 저렴한 하버-보슈 공정을 완성시켜 하루 20톤의 암모니아를 대량 생산해 내는 데 성공한다.

하버의 암모니아 합성법은 화학비료를 탄생시켜 대량생산을 가능하게 만들었고 비료의 공급이 원활해지면서 식량 생산량은 급격히 증가하게 되었다. 이는 인류를 식량난에서 구해내는 핵심 역할을 하게 되었다.

하버는 인류를 기아의 공포에서 해방시켰지만 아이러니하게도 그의 뛰어난 능력은 인류에게 재앙도 선물했다. 그는 제1·2차 세계대전에서 독일군을 위해 독약을 만들고 독가스를 개발했던 것이다.

누구보다 과학을 사랑했던 과학자지만 잘못된 애국심은 그 능력을 독으로 만들었다.

농기계를 이용해 비료를 뿌리고 있다.

비료의 개발로 생산량이 폭발적으로 증가하면서 인류는 기아를 극복할 수 있었다.

14 피임약

20세기 최고의 발명품은 무엇일까?

이 질문에 대한 답은 개인의 생각과 가치에 따라 많이 달라질 것이다. 만약 이 질문을 여성들에게 한다면 그 목록에는 반드시 피임약이 있을 것이다.

생명을 구하거나 병을 낫게 하는 약은 아니지만 피임약의 발명은 여성들의 삶을 획기적으로 바꾸어 놓았다. 1960년 미국 서얼사에서 최초의 먹는 피임약인 에노비드가 출시되었다. 에노비드의 탄생에는 생물학자인 그레고리 핀커스 등 여러 학자들의 노력이 함께 했다. 에노비드의 출시는 단순히 제약회사의 성공을 뛰어넘어 사회적

마가렛 생어.

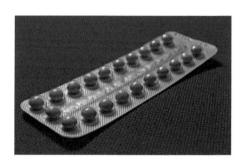

피임약이 개발되면서 여성은 삶을 좀 더 주체적으로 선택할 수 있게 되었다.

으로 매우 큰 의미가 있었다. 여성의 자유와 삶의 선택권을 스스로 결정하고 자 했던 한 여성 운동가의 열정이 뒷받침되었기 때문이다.

마가렛 생어는 평생을 산아제한에 관심을 가지고 노력한 여성 사회운동가 였다. 생어는 에노비드 출시를 위해 학자와 의사들을 끌어 모았고 연구자금을 유치하는데 노력을 아끼지 않았다.

이러한 생어의 열정으로 출시된 에노비드는 여성의 사회진출을 촉진 시켰 으며 원하지 않는 임신과 성으로부터 해방시켰다. 오랜 전통에 따라 임신과 출산에 있어 수동적이며 선택권이 없었던 여성들에게 임신을 피할 수 있는 약이 주는 의미는 단순한 알약 한 알이 아니었다. 임신으로부터 좀 더 자유로 워진 여성들은 자신의 삶을 스스로 결정하는데 더욱 당당해졌고 이러한 분위 기는 페미니즘 운동으로 연결되었다. 남성 위주의 전통적인 가족관과 여성들 의 큰 패러다임을 변화시킨 그 중심에는 피임약이 있었다. 작은 알약 하나가 세상을 바꾼 것이다.

15 혈장

1897년 란트슈타이너가 발견한 혈액형은 오랜 세월 위험천만했던 수혈의 부작용에서 벗어날 수 있게 해 주었다. 하지만 이후 또 하나의 문제가 생겼다. 그것은 혈액의 보관이 쉽지 않다는 것이었다. 긴급한 수혈을 해야만 하는 경우 헌혈자가 가까운 곳에 있어야만 했다. 그래서 여전히 수혈은 만만치 않은 문제였다.

찰스 R. 드루.

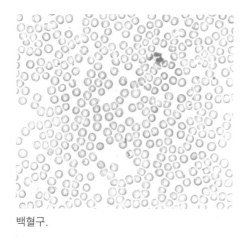
백혈구.

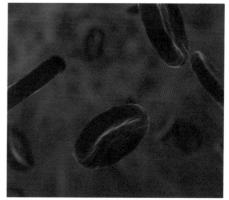
적혈구.

혈액의 보관은 환자의 생명과도 직결되는 것으로 병원 관계자들은 금방 부패해 버리는 혈액 때문에 머리가 아팠다. 하지만 이 문제는 1940년 미국 출신 찰스 R. 드루가 해결했다.

드루는 원심분리 기법을 이용해 혈액에서 적혈구와 백혈구를 분리해내는 데 성공한다. 적혈구의 분리는 자연스럽게 혈장에 대해 관심을 갖게 만들었다. 혈액에서 적혈구와 백혈구와 같은 혈구를 분리해 낸 나머지 부분이 혈장이다. 혈장의 대부분은 수분이었고 혈액형에 상관없이 수혈할 수 있었다.

후에 드루는 혈장의 수분을 제거하여 건조 혈장이나 가루 상태의 혈장으로 만들었다. 이러한 방법은 혈장의 이동과 보관을 더욱 쉽고 간편하게 해 주었다. 어디서든지 언제든지 혈장에 수분을 첨가해서 바로 쓸 수가 있었다. 또한 드루는 혈액은행과 냉장시설이 있는 헌혈차를 만들었다. 혈액은행과 헌혈차의 개발은 군인뿐만이 아니라 일반인들에게도 수혈이 보편화될 수 있는 계기를 마련했다. 혈장의 발견으로 인해 혈액의 안전한 보관과 장거리 이동이 가

적혈구와 혈장으로 분리되어 보관 중인 혈액팩.

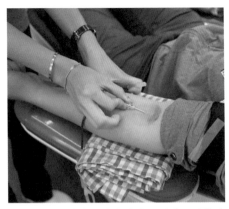

헌혈을 통해 환자를 위한 혈액을 미리 준비할 수 있게 되어 수술의 위험성은 감소했다.

능하게 되었고 더 많은 생명을 수술의 위험과 수혈의 부작용으로부터 구할 수 있게 되었다.

$$E = mc^2$$

20세기 가장 유명한
과학자는 누구일까? 이 질문을 받는
순간, 과학에 관심이 없는 사람들도
아인슈타인을 떠올릴 것이다. 아인슈
타인은 많은 상품들의 브랜드가 될
정도로 천재의 보통명사가 되었다.
그러나 아인슈타인이 천재성을 인정
받기까지는 매우 오랜 시간이 걸렸
다. 오히려 어릴 때는 학교와 동료들
로부터 환영받지 못하는 사람이었다.

알베르트 아인슈타인.

아주 산만하고 우둔하다는 평가를 받았다.

아인슈타인은 매우 자유분방한 성격의 소유자였다. 그런 성격 때문에 딱딱한 학교 수업에 적응하기 어려워했다. 하지만 물리와 수학에서는 매우 뛰어난 성적을 받았다. 아인슈타인은 공교육에서는 두각을 나타내지 못했으나 물리학에 대한 열정은 남달랐다. 그가 특허청에 하급관리로 일하면서도 끊임없이 물리학에 열정을 쏟은 이유다.

이런 열정과 노력은 결국 1905년 에너지와 물질과의 관계를 정립한 $E=mc^2$이라는 수식을 도출하는데 밑받침이 되었다. 이 방정식은 물리학계를 뒤흔들 만한 변혁의 시작이었다. $E=mc^2$은 물질과 에너지의 관계를 정립한 최초의 방정식이었다.

오랜 세월 고전 물리학자들은 물질과 에너지는 다른 세계의 것이라고 생각했다. 그런데 아인슈타인의 방정식은 물질과 에너지가 분리된 것이 아닌 서로 변환될 수 있는 관계라는 사실을 알려주는 신호탄이 되었다.

GPS를 이용한 네비게이션.

핸드폰에 이용되는 네비게이션.

우리가 사용하는 많은 첨단 전자제품들이 인공위성의 도움을 받고 있다.

 이후 아인슈타인은 $E=mc^2$으로부터 특수상대성이론과 일반상대성이론을 도출해냈다. 이 이론들은 시간과 공간에 대한 개념을 완전히 바꾸어 놓았으며 고전 물리학을 벗어나 현대 물리학 이론의 기초가 되었다.

 물리학이 아인슈타인 이전과 이후로 갈릴 만큼 그의 이론들은 수많은 연구자들에게 영감을 주었다. 이로 인해 그의 일반상대성이론은 첨단 기술의 이론적 배경이 되었다.

 우리가 처음 가 본 길을 헤매지 않고 도착할 수 있는 이유는 일반상대성이론에 기초하여 만들어진 GPS 덕분이다. 또한 일반상대성이론은 블랙홀, 중력파, 빅뱅 등 우주를 설명하는 이론과 핵에너지 연구에 기초가 되었다. 이는 코페르니쿠스의 지동설만큼이나 다시 한 번 인류의 우주관을 확장시킨 위대한 발견이라고 할 수 있겠다.

17 지퍼

아주 작은 발명하나가 인류의 삶을 획기적으로 바꾸는 경우가
있다. 하지만 인류의 삶을 바꿀만한 발명이라 할
지라도 한 사람의 힘만으로는 이루어지지 않는
다. 지퍼도 그랬다. 지금은 너무 흔한 잠금장치이
지만 이 작은 지퍼가 상용화되기까지 30년이라
는 세월이 걸렸다.

가장 먼저 지퍼를 고안한 사람은 1893년 미국
의 직공이었던 휘트콤 저드슨이었다. 그는 단순히
군화 끈을 매기 너무 힘들어 지퍼를 고안해 냈다.
하지만 막상 저드슨의 지퍼는 상용화되기 힘들었

휘트콤 저드슨.

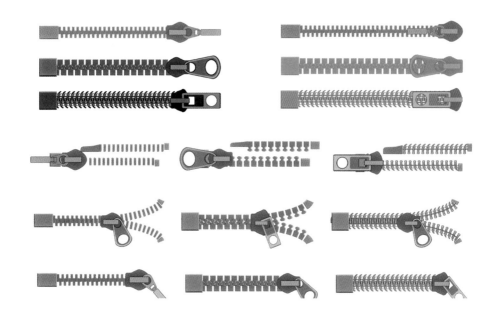

지퍼의 형태와 쓰이는 곳은 아주 다양하다.

다. 만들기가 어려웠기 때문이다.

이후 지퍼의 특허권을 산 워커 중령은 지퍼 기계를 만들었다. 그러나 안타깝게도 워커 중령 또한 지퍼 기계에 들인 열정과 노력을 보상받지는 못했다.

결국 기드온 선드백에 의해서 오늘날 우리가 쓰는 형태의 지퍼가 완성되었으며 1923년 BF 굿리치 사가 지퍼라는 이름을 사용하면서 지퍼는 전 세계에 퍼져나갔다.

오늘날 지퍼는 가방, 옷, 신발, 액서서리 등 많은 상품에 잠금장치로 사용되고 있으며 그 종류도 엄청나게 다양해졌다.

지퍼가 생기면서 옷 입는 시간이 줄어들었다. 아주 가벼우면서도 열고 닫기 편하다. 지퍼로 인해 많은 양의 물건을 안전하게 담을 수 있다. 잘 쏟아지지도 않는다.

　재미있는 상상을 해보자. 아침마다 옷을 여미기 위해 단추를 잠그고 끈을 묶기 위해 누군가 옷 입는 것을 도와줘야 한다면 어떠하겠는가? 지퍼를 개발하기 전에 옷의 여밈은 단추나 끈으로 묶는 형태가 대부분이었다. 옷을 입고 신발 끈을 묶는데 생각보다 많은 시간을 할애해야 했다. 가방을 열고 닫을 때마다 끈으로 묶거나 단추로 잠궈야 한다면 우리는 항상 가방 안에 있는 물건이 쏟아지지 않을까 노심초사해야 한다. 그리 대단해 보이지 않는 작은 발명인 것 같지만 지퍼의 발명으로 인해 우리의 삶은 훨씬 편리해졌으며 신속해졌다. 이제 지퍼 없는 세상은 상상조차 할 수 없다.

가방.

니트.

부츠.

청바지.

지퍼를 이용한 다양한 제품들.

DNA 이중나선 구조 18

멘델이 유전 법칙을 발견한 이후 유전학은 끊임없이 발전하고 있다. 20세기에 접어들면서 유전학의 관심은 유전정보의 핵심인 DNA 구조에 집중되었다. 많은 학자들이 DNA의 구조를 밝혀내기 위해 온 정신을 집중하고 있을 때, 이 어려운 숙제를 풀어낸 사람은 케임브리지 대학의 생화학자 프란시스 크릭과 미국인 생물학자 제임스 왓슨이었다.

20세기 최고의 발견이라고 칭송받는 DNA 이중나선 구조의 발견자는 크릭과 왓슨이지만 이들의 영광 뒤에는 여러 학자들의 선행된 노력과 연구 성과가 있었다. 그중 가장 결정적인 힌트는 케임브리지대의 여성 과학자 로잘린드 프랭클린이 밝혀낸 DNA 분자구조의 X-선 사진이었다.

우연히 로잘린드의 X-선 사진을 본 크릭은 놀라움을 금치 못했다. 그리고

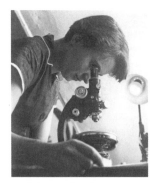

프란시스 크릭.   제임스 왓슨.   로잘린드 프랭클린.

자신의 연구에 핵심정보가 될 것으로 판단한 크릭은 프랭클린의 사진을 허락 없이 가져와 DNA 구조를 밝히는데 큰 실마리를 얻는다.

결과적으로 1953년에 크릭과 왓슨은 DNA 구조가 이중나선구조라는 것을 밝혀내고 1962년 노벨상을 받게 된다. 안타깝게 프랭클린은 1958년 백혈병 으로 사망해 살아 있는 사람에게만 상을 수여하는 노벨상의 규칙에 의해 제 외가 되었다.

DNA 이중나선 구조의 발견은 유전학의 새로운 장을 열었다. 분자생물학이

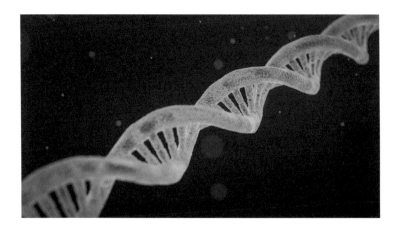

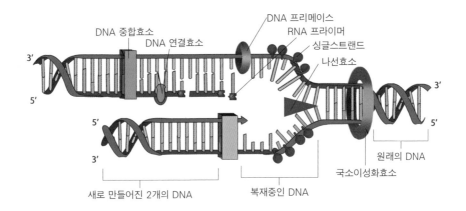

DNA 프리메이스
RNA 프라이머
DNA 중합효소
DNA 연결효소
싱글스트랜드
나선효소
3'
5'
3'
5'
3'
5'
원래의 DNA
새로 만들어진 2개의 DNA
복재중인 DNA
국소이성화효소

DNA의 이중나선 구조와 복제.

라는 새로운 분야를 탄생시켰으며 인간의 DNA를 완전히 파악하는데 출발점이 되었다. 그 결과 2003년 유전학 최고의 성과인 인간 게놈을 완성하게 되었다. 인간 게놈은 난치병의 원인을 알아내고 치료 방법과 약물을 개발하는데 큰 도움을 주고 있다. 또한 불치병과 유전병을 미리 예측하고 방지할 수 있는 단서도 제공하고 있다.

이제 인간은 자신의 형질과 병의 유무를 마음만 먹으면 미리 파악할 수 있게 되었다. 오늘날 유전학은 첨단 의학의 발전을 견인하고 있다. DNA 이중나선 구조의 발견은 유전학 발전의 기폭제와도 같은 것이었다.

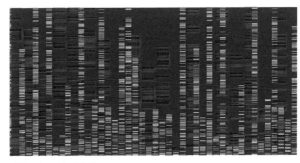

게놈 지도 아키텍처.

19 원소주기율표

화학이라는 과목을 처음 접하던 학창시절! 우리에게 떨어진 첫 번째 미션은 원소 주기율표를 외우는 것이었다. 신기한 여행지의 여행안내서를 받은 기분으로 마주했던 원소주기율표! 이것을 완성한 사람은 러시아의 화학자 드미트리 멘델레예프였다.

각 원소의 화학적 성질을 쓴 카드를 이용해 학생들에게 화학원소의

드미트리 멘델레예프스.

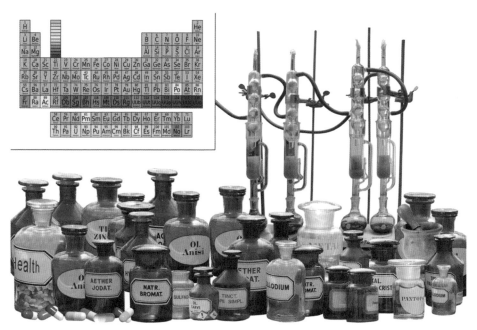

원소주기율표-화학실험.

성질을 가르치고자 했던 멘델레예프는 원소의 특징과 유사점을 찾으며 연구하던 끝에 드디어 원소 간의 유사점과 관계성을 발견해내게 된다. 일종의 패턴을 찾아낸 것이다.

하지만 그 패턴 속에는 풀리지 않는 의문점도 있었다. 주기율표 안에는 세 군데의 빈 구멍이 있었다.

멘델레예프는 이 구멍을 아직 발견되지 않은 원소임을 직감했고 자신의 주기율표의 패턴에 따라 원소의 성질을 미리 예측했다.

1880년 멘델레예프의 원소주기율표가 세상에 발표되자 유럽의 화학자들은 그를 무시하고 비웃었다. 그들은 멘델레예프의 예측을 러시아 시골 출신의 촌

원소주기율표

1 **H** 수소 Hydrogen								
3 **Li** 리튬 Lithium	**4** **Be** 베릴륨 Beryllium							
11 **Na** 소듐(나트륨) Sodium	**12** **Mg** 마그네슘 Magnesium							
19 **K** 칼륨(포타슘) Potassium	**20** **Ca** 칼슘 Calcium	**21** **Sc** 스칸듐 Scandium	**22** **Ti** 티타늄(타이타늄) Titanium	**23** **V** 바나듐 Vanadium	**24** **Cr** 크롬 Chromium	**25** **Mn** 망간 Manganese	**26** **Fe** 철 Iron	**27** **Co** 코발트 Cobalt
37 **Rb** 루비듐 Rubidium	**38** **Sr** 스트론튬 Strontium	**39** **Y** 이트륨 Yttrium	**40** **Zr** 지르코늄 Zirconium	**41** **Nb** 나이오븀 Niobium	**42** **Mo** 몰리브덴 Molybdenum	**43** **Tc** 테크네튬 Technetium	**44** **Ru** 루테늄 Ruthenium	**45** **Rh** 로듐 Rhodium
55 **Cs** 세슘 Caesium	**56** **Ba** 바륨 Barium	**57~71** **La** 란탄족 Lanthanoids	**72** **Hf** 하프늄 Hafnium	**73** **Ta** 탄탈럼 Tantalum	**74** **W** 텅스텐 Tungsten	**75** **Re** 레늄 Rhenium	**76** **Os** 오스뮴 Osmium	**77** **Ir** 이리듐 Iridium
87 **Fr** 프랑슘 Francium	**88** **Ra** 라듐 Radium	**89~103** **Ac** 악티늄족 Actinoids	**104** **Rf** 러더포듐 Rutherfordium	**105** **Db** 더브늄 Dubnium	**106** **Sg** 시보귬 Seaborgium	**107** **Bh** 보륨 Bohrium	**108** **Hs** 하슘 Hassium	**109** **Mt** 마이트너륨 Meitnerium

57 **La** 란탄 Lanthanum	**58** **Ce** 세륨 Cerium	**59** **Pr** 프라세오디뮴 Praseodymium	**60** **Nd** 네오디뮴 Neodymium	**61** **Pm** 프로메튬 Promethium	**62** **Sm** 사마륨 Samarium
89 **Ac** 악티늄 Actinium	**90** **Th** 토륨 Thorium	**91** **Pa** 프로탁티늄 Protactinium	**92** **U** 우라늄 Uranium	**93** **Np** 넵투늄 Neptunium	**94** **Pu** 플루토늄 Plutonium

2 **He** 헬륨 Helium

5 **B** 붕소 Boron	6 **C** 탄소 Carbon	7 **N** 질소 Nitrogen	8 **O** 산소 Oxygen	9 **F** 불소(플루오린) Fluorine	10 **Ne** 네온 Neon
13 **Al** 알루미늄 Aluminium	14 **Si** 규소 Silicon	15 **P** 인 Phosphorus	16 **S** 황 Sulfur	17 **Cl** 염소 Chlorine	18 **Ar** 아르곤 Argon

28 **Ni** 니켈 Nickel	29 **Cu** 구리 Copper	30 **Zn** 아연 Zinc	31 **Ga** 갈륨 Gallium	32 **Ge** 게르마늄(저마늄) Germanium	33 **As** 비소 Arsenic	34 **Se** 셀레늄 Selenium	35 **Br** 브롬 Bromine	36 **Kr** 크립톤 Krypton
46 **Pd** 팔라듐 Palladium	47 **Ag** 은 Silver	48 **Cd** 카드뮴 Cadmium	49 **In** 인듐 Indium	50 **Sn** 주석 Tin	51 **Sb** 안티몬 Antimony	52 **Te** 텔루륨 Tellurium	53 **I** 요오드(아이오딘) Iodine	54 **Xe** 제논 Xenon
78 **Pt** 백금 Platinum	79 **Au** 금 Gold	80 **Hg** 수은 Mercury	81 **Tl** 탈륨 Thallium	82 **Pb** 납 Lead	83 **Bi** 비스무트 Bismuth	84 **Po** 폴로늄 Polonium	85 **At** 아스타틴 Astatine	86 **Rn** 라돈 Radon
110 **Ds** 다름스타튬 Darmstadtium	111 **Rg** 렌트게늄 Roentgenium	112 **Cn** 코페르니슘 Copernicium	113 **Nh** 니호늄 Nihonium	114 **Fl** 플레로븀 Flerovium	115 **Mc** 모스코븀 Ununperntium	116 **Lv** 리버모륨 Livermorium	117 **Ts** 테네신 Tennessine	118 **Og** 오가네손 Oganesson

63 **Eu** 유로퓸 Europium	64 **Gd** 가돌리늄 Gadolinium	65 **Tb** 터븀 Terbium	66 **Dy** 디스프로슘 Dysprosium	67 **Ho** 홀뮴 Holmium	68 **Er** 어븀 Erbium	69 **Tm** 툴륨 Thulium	70 **Yb** 이터븀 Ytterbium	71 **Lu** 루테튬 Lutetium
95 **Am** 아메리슘 Americium	96 **Cm** 퀴륨 Curium	97 **Bk** 버클륨 Berkelium	98 **Cf** 칼리포늄 Californium	99 **Es** 아인슈타이늄 Einsteinium	100 **Fm** 페르뮴 Fermium	101 **Md** 멘델레븀 Mendelevium	102 **No** 노벨륨 Nobelium	103 **Lr** 로렌슘 Lawrencium

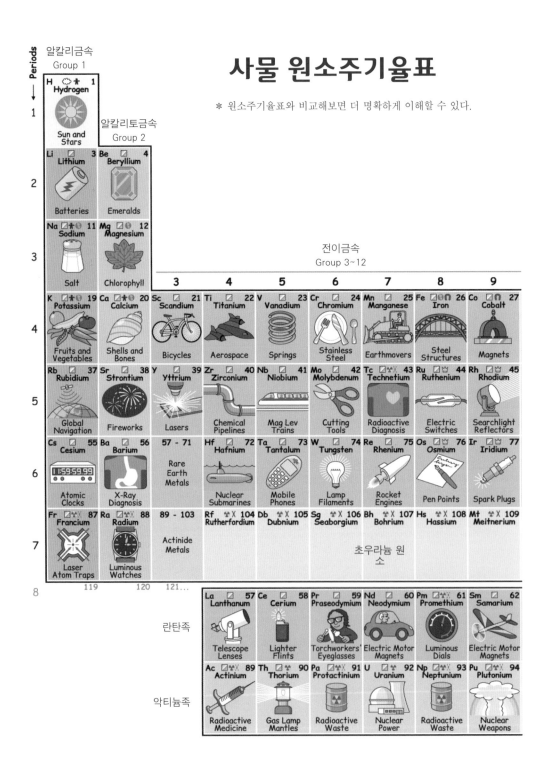

사물 원소주기율표

* 원소주기율표와 비교해보면 더 명확하게 이해할 수 있다.

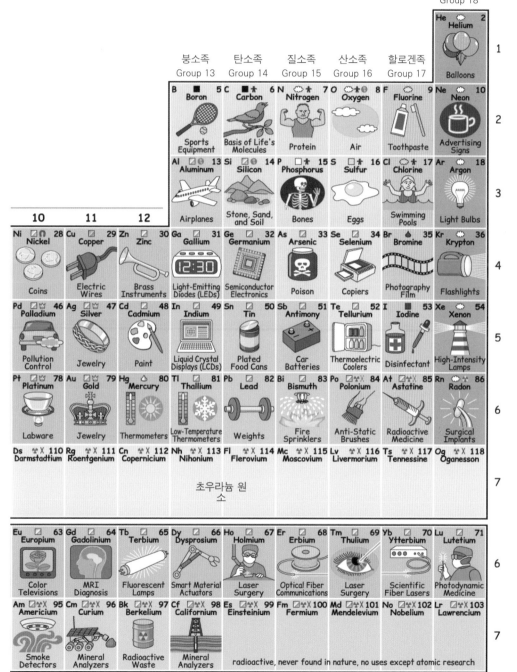

스러운 화학자의 말이라고 치부했으며 미친 점쟁이라고까지 비하했다. 하지만 미친 점쟁이의 말은 8년 만에 모두 사실임이 증명되었다.

멘델레예프가 예언했던 세 군데의 빈 구멍에 해당되는 원소가 모두 발견된 것이다. 모두 멘델레예프가 예측한 성질에 부합하는 원소들이었다.

이후 원소주기율표는 화학을 공부하는 사람들에게 화학 세계의 여행 안내서가 되었다. 주기율표를 모르고는 화학을 시작할 수 없을 정도이다.

원소주기율표의 발견은 새로운 원소들을 예측하고 이해하는데 매우 큰 역할을 했다. 또한 새로운 화학 실험을 가능하게 만들었으며 많은 화학 실험을 통해 화학은 더욱 발전해 나갈 수 있었다. 화학의 발전이 있었기에 인류는 산업혁명을 걸쳐 자동차산업과 중공업, 전자산업, 우주산업에 이르기까지 현대 문명을 이루는 기틀을 마련할 수 있었다.

전기화학 결합 20

잘생긴 외모에 멋진 옷을 입은 한 남자가 무대에 오른다. 무대에 오른 그는 타고난 무대 매너로 이내 청중들을 사로잡는다. 그의 이름은 험프리 데이비로 영국의 화학자이다.

그가 무대 위에서 선보인 것은 지금까지 해 온 자신의 발견과 실험이다. 그는 실험하는 것을 좋아했으며 청중 앞에서 자신의 성과를 시연해 보이는 것을 무척 즐겼다.

험프리 데이비.

데이비는 약제사로 근무하던 시절 화학에 관심을 갖고 독학으로 공부하게 되었다. 그는 특히 알렉산드로 볼타가 전지를 발명하자 전기에 큰 관심을 보이게 된다. 배터리 연구에 열정을 가지고 있던 데이비는 1806년 전기분해를 통해 순수한 물에서 수소와 산소가 발생하는 실험을 시연하게 된다. 이 시연은 전기에 의해 분자를 쪼갤 수 있다는 것을 증명하는 실험이었다. 역으로 말하자면 분자의 화학결합은 전기적 특성으로 연결되어 있다는 말과 같은 것이었다.

데이비는 1807년 더 강한 전기 배터리를 이용해 탄산칼륨 용액에 전기를 흘려보내는 실험을 한다. 탄산칼륨 용액의 전기분해를 통해 데이비는 새로운 원소인 칼륨을 발견했으며 얼마 지나지 않아 나트륨도 발견하게 된다.

데이비의 실험은 전기화학이라는 새로운 분야를 탄생시켰다. 현재 우리가 누리는 생활의 편리함은 전기화학의 발전이 만들어 낸 작품들이다.

프라이팬의 코팅에서부터 알루미늄 산업, LED 전광판, 반도체, 태양전지판, 리튬 이온 배터리 등 어느 것 하나 전기화학의 성과물이 아닌 게 없을 정도로 전기화학은 인류의 삶을 비약적으로 발전시켰다.

반도체.

프라이팬.

태양전지판을 활용한 집.

LED 전광판.

리튬 이온 배터리로 움직이는 전기자동차.

21 원소의 빛 스펙트럼

1859년 독일의 물리학자 구스타프 키르히호프와 화학자 로베르트 분젠은 프리즘과 분젠이 개발한 버너를 결합해 최초의 분광기를 만들었다. 이 분광기는 물질의 연소과정에서 나오는 원소의 빛을 프리즘에 통과시켜 원소들의 빛 스펙트럼을 분석하는 장치였다.

키르히호프와 분

구스타프 키르히호프.

로버트 분젠.

프리즘.

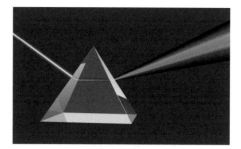

코페르니쿠스의 지동설을 기념하는 몽골 우표.

젠은 분광기를 통해 원소마다 방출하는 스펙트럼이 각각 다르다는 것을 발견하게 되었다. 그것은 원소마다 고유한 진동수를 가지고 있다는 의미이기도 했다. 이후 키르히호프와 분센은 바닷물과 태양의 빛을 분석하는 데 성공했다.

그들의 중요한 성과 중 하나는 스펙트럼 분석을 통해 새로운 원소들을 발견한 것이다. 그것은 세슘과 루비듐이다. 분광기로 발견한 첫 번째 원소들이었다. 그리고 세슘과 루비듐 이후에도 분광기를 이용해 수많은 원소를 발견했다.

키르히호프와 분젠의 업적은 물리학, 화학, 천문학, 생물학 등 다양한 분야에 폭넓은 영향을 미쳤다. 원소의 빛스펙트럼의 발견은 화학의 영역을 천문학의 영역에까지 넓혔으며 현재 우주연구에 큰 역할을 하고 있다.

이제 우리는 광활한 우주의 신비를 풀기 위해 몇 백 광년 떨어진 별들에 직접 가보지 않아도 된다. 먼 우주 행성에서 날아오는 빛의 스펙트럼을 분석하면 되기 때문이다. 또한 미지의 행성에서 물과 생명의 흔적을 알아내고 우주의 운행과 별들의 운동을 이해하는데 도움을 주었다. 빛스펙트럼 분석법은 인간의 과학적 연구대상을 지구와 태양계를 넘어 광활한 우주로 확장시켰다.

인간의 우주에 대한 호기심은 끝없는 연구로 이어지고 있다.

물질을 이루는 가
장 작은 입자는 원자이다. 120년 전
만 해도 원자는 상상 속의 입자였
다. 눈으로 관찰하기 불가능한 입자
였을 뿐만 아니라 입증하기 어려운
입자였기 때문이다. 그런데 1897년
매우 신기한 일이 일어났다. 그것은
원자보다 더 작은 전자가 발견된 것
이었다.

사람들은 매우 궁금하게 생각할 것

J. J. 톰슨.

이다.

"원자가 먼저 발견된 게 아니었어? 어떻게 더 작은 전자가 먼저 발견된 걸까?"

이 궁금증은 영국 케임브리지 대학의 J. J. 톰슨의 음극선 실험으로부터 시작된다. 음극선은 진공 유리관 안에 (+)와 (−)를 연결한 것으로 톰슨이 실험을 했던 음극선은 진공도가 높은 크룩스관이었다.

톰슨은 음극선에 자석이 닿자 구부러지는 것을 목격했다. 자석은 물질에만

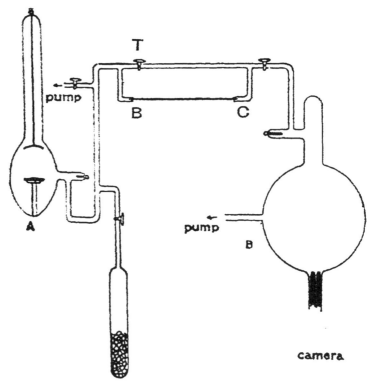

J. J. 톰슨의 음극선 실험.

영향을 주는 것이었기 때문에 음극선에 흐르는 그 무엇이 입자라는 것을 알수 있었다.

눈을 의심한 톰슨은 수십 번 실험을 반복했다. 결국 음극선에 흐르는 그 무엇은 전기를 띤 발광체였으며 수소 원자보다 1000배 이상 작은 입자라는 사실을 인정할 수밖에 없었다.

수백 번이 넘는 시연을 통해 자신이 발견한 입자를 증명해낸 톰슨은 전자를 발견한 공로를 인정받아 1906년 노벨 물리학상을 수상했다.

전자의 발견은 전기를 이해하는 데 있어 매우 중요한 역할을 했다. 전기에 대한 이해는 인류에게 기술적, 과학적 발전뿐만 아니라 인간의 삶을 획기적으로 바꿔 놓았다. 또한 전자의 발견 이후 원자에 대한 연구가 활발해졌고 그의 제자 러더퍼드가 양성자를 발견했다.

러더퍼드, 보어에 이어진 원자 모형은 발전을 거듭하여 현대의 원자 모형을 갖추는데 밑바탕이 되었다. 이러한 연구는 양자역학의 발전에 큰 밑거름이 되었으며 입자물리학을 탄생시켰다.

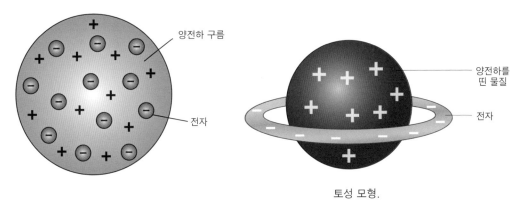

플럼 푸딩 원자 모형.

토성 모형.

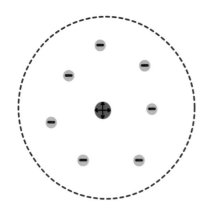

러더퍼드 원자 모형.

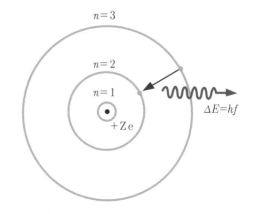

$n=3$

$n=2$

$n=1$

$+Ze$

$\Delta E=hf$

보어의 원자 모형.

플라스틱 23

위대한 발견과 발명은 사람들의 필요성과 수많은 연구자들의 노력이 이어져 완성된다. 현재 우리 삶에서 빠질 수 없는 플라스틱은 좀 더 저렴한 당구공을 사고 싶었던 미국 부유층들의 작지만 큰 필요성에 의해 시작되었다.

1869년 미국의 J. W. 하이엇은 셀룰로스에 질산과 황산을 더하자 새로운 물질이 만들어지는 것을 발견했다. 최초의 플라스틱 셀룰로이드의 탄생이었다. 셀룰로이드는 가볍고 저렴한 당구공으로 충분했지만 가끔

다양한 플라스틱 용품들.

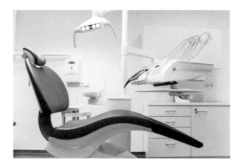
의료기.

터지는 단점이 있었다.

이후 1909년 미국인 발명가 베이클랜드가 셀룰로이드의 단점을 보완하여 포름알데히드와 페놀을 이용해 최초의 합성수지 플라스틱인 베이클라이트를 만들게 된다. 베이클라이트는 저렴하고 어떤 모양이든 만들기 쉬웠으며 가벼웠다. 또한 튼튼했고 열에도 강했다. 베이클라이트는 전자제품에 많이 사용되었으며 다양한 물건을 만들 수 있어 급속도로 퍼져나갔다. 현재 우리가 흔히 볼 수 있는 페트병과 음식 용기 등은 폴리에틸렌이다. 가장 많이 쓰이고 있는 플라스틱 소재이기도 하다.

폴리에틸렌은 폰 페치만, 에릭포셋, 레지널드 깁슨 등의 발견으로 훨씬 개선된 플라스틱 재료로 사용되었다. 지금도 플라스틱의 소재는 끊임없이 연구되고 있으며 발전을 거듭하고 있다.

플라스틱을 만드는 재료는 매우 다양하다. 어떤 물질을 합성하느냐에 따라 고기능을 지닌 특수한 플라스틱이 개발되기도 한다. 현재의 플라스틱은 전기, 전자 부품, 생활용품, 건축, 의료기, 반도체, 섬유, 우주산업 등 인간에게 필요한 모든 물품을 만드는데 거의 쓰이고 있다고 해도 틀린 말이 아닐 것이다.

또한 미래의 플라스틱 기술은 금속을 대신할 날을 준비하고 있다. 접히는 핸드폰이나 플라스틱 엔진은 플라스틱의 한계를 뛰어넘는 신소재로 기대되고 있다.

인류는 본격적인 플라스틱 시대를 맞이하면서 급속한 산업화와 빠른 물질의 발전을 이루어왔다. 인류는 플라스틱의 발견으로 상상하는 모든 형태의 물건을 손쉽게 만들어 쓸 수 있게 되었다. 하지만 플라스틱이 가장 멋진 소재로 남기 위해 남겨진 숙제는 환경오염을 어떻게 줄일 수 있을 것인가에 달려 있을 것이다.

해마다 약 900만t의 플라스틱이 바다에 버려지며 전 세계 플라스틱 중 재활용되는 양은 26% 미만이다. 이와 같은 플라스틱 쓰레기는 식수원을 오염시키며 분해되기까지 수백 년이 필요하기 때문에 심각한 환경오염의 주범이 되고 있다.

24 바퀴

무거운 물건을 끙끙거리고 옮겨 본 적이 있는가? 본인의 힘으로 감당하기 어려운 무게의 짐을 질질 끌고 옮기는 일은 고역일 뿐만 아니라 엄청난 스트레스다. 그때 바퀴가 달린 캐리어를 발견한다면 사막에서 오아시스를 만난 느낌이 들 것이다. 캐리어는 한손으로 살포시 밀어도 엄청난 양

초기의 바퀴들은 지금과 같은 모습은 아니었다.

의 짐을 손쉽게 옮길 수 있기 때문이다. 이런 것이 가능한 이유는 바퀴 때문이다.

우리 주변을 한 번 둘러보자. 바퀴가 없는 세상을 상상하면서 말이다. 당장 자동차, 지하철, 택시, 비행기, 오토바이 심지어는 자전거조차도 바퀴가 없다면 무용지물이 될 것이다. 언젠가부터 공기처럼 존재해 온 것 같은 바퀴도 누군가의 혁명적인 발명이 없었다면 선물처럼 우리 옆에 존재할 수는 없었을 것이다.

바퀴의 기원에 대한 설은 다양하다. 하지만 가장 오래된 바퀴는 메소포타미

수레바퀴.

기차.

도르래를 포함해 다양한 바퀴를 이용하는 있는 배의 모습

물레바퀴.

아 유적에서 발견된 전차 바퀴이다. 이때만 해도 통나무를 자른 원판형 바퀴였다.

이후 시간이 흐르면서 바퀴는 끊임없이 개량되고 발전하여 오늘날 우리가 흔히 볼 수 있는 자동차의 바퀴 모양을 갖추게 되었다.

인류사에 있어 바퀴의 발명은 인류를 한층 더 진보하게 만든 획기적인 일이었다. 바퀴는 문명을 건설했으며 운송의 혁명을 일으켰다. 바퀴의 발전으로 수레의 운반력이 좋아져 도로를 넓혔다. 또한 무거운 수레를 통과시키기 위해 튼튼한 다리를 건설하게 되었다. 이것은 건축술과 도시가 발달하게 해 주었다.

바퀴가 발명되면서 물레, 도르래, 윤축 등 기계장치의 발전이 시작되었다. 또한 전쟁터에서도 바뀌는 아주 유용하게 이용되었다. 바퀴가 발전할수록 기동성 있는 전차를 보유한 나라가 세계를 정복해나가면서 아이러니컬하게도 전쟁은 바퀴를 발전시킨 촉매제가 되었다. 이후 지금까지 바퀴는 인류 문명사에 있어 핵심적인 동력이 되어왔다.

운송 수단 중 바퀴를 이용하지 않은 것은 찾아보기 힘들다.

25 마취술

사람들에게 행해지는 의료적 치료방법은 매우 다양하다. 약물, 방사선, 수술 등이 그것이다. 여러 가지 치료방법 중에서도 수술은 가장 복잡하고 위험이 따르는 일이지만 반면에 가장 단호하고 확실한 처방일 수도 있다. 하지만 외과수술이 발전하기 전 고대로부터 1800년대 중반까지만 해도 외과수술은 목숨을 걸어야 할 만큼 극단적인 치료였다. 특히 엄청난 고통이 따르는 방법이었다.

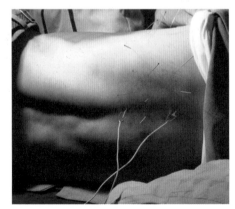

침술은 현대에서도 여전히 질병치료의 한 방법으로 이용되고 있다.

이러한 고통에서 벗어나기 위해 아주 오래전부터 사람들은 다양한 민간요법을 사용해 오고 있었다. 중국은 침술을 이용하였고 고대 로마와 이집트는 맨드레이크 뿌리 추출물을 사용하기도 했다.

최초의 마취제는 1801년 험프리 데이비가 실험 중 만든 아산화질소였다. 웃음가스로 불리는 데이비의 아산화질소는 인정받지 못했으나 처음 시도된 마취제의 실험이었다는 것에 큰 의미가 있다.

근대적인 마취술은 1800년대 중반 다양한 분야의 의사들에 의해서 발견되었다. 그 대표적인 인물로는 스코틀랜드 산부인과 의사인 영 심프슨과 미국의 의사인 크로퍼드 롱이다. 그들은 자신들이 발견한 약물을 통해 마취제의 효능을 증명하고자 노력했다.

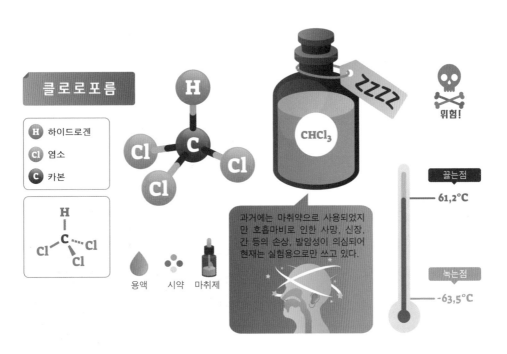

클로로포름

H 하이드로겐
Cl 염소
C 카본

CHCl₃

위험!

과거에는 마취약으로 사용되었지만 호흡마비로 인한 사망, 신장, 간 등의 손상, 발암성이 의심되어 현재는 실험용으로만 쓰고 있다.

용액   시약   마취제

끓는점
61,2°C

녹는점
-63,5°C

심프슨이 사용했던 클로로포름과 롱이 사용한 에테르 모두 마취제로 효과적이었다. 클로로포름은 빅토리아 여왕의 출산 시 쓰이게 된 계기로 인해 유명해졌다. 하지만 에테르는 수술에 성공적으로 쓰였음에도 불구하고 널리 알려지지 않다가 1845년 보스턴의 치과의사 윌리엄 모턴에 의해 일반에게 알려졌으며 유럽까지 널리 퍼지게 되었다.

마취제의 발견은 외과수술에 매우 큰 의미가 있다. 무엇보다도 환자를 극심한 고통으로부터 구해냈다. 그것은 외과수술의 위험성을 상당 부분 벗어나게 해주었다. 한결 수월해진 수술 덕분에 많은 의사들은 다양한 외과적 수술방법을 발전시킬 수 있었고 수많은 생명을 구할 수 있었다. 또한 마취술의 발전은 마취학이라는 새로운 분야를 탄생시켰다.

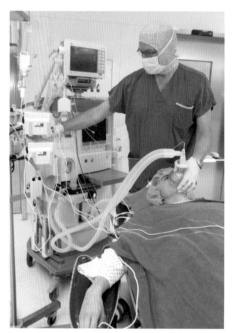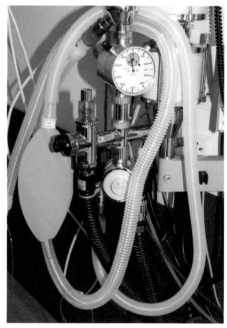

수술을 위해 환자를 마취시키고 있는 마취 전문의의 모습과 병원 의료용 마취 도구들.

우주 팽창

별이 총총 떠 있는 밤하늘을 바라보면 광활한 우주의 신비를 느낀다. 100여 년 전 복싱에 재능이 있었던 한 건장한 청년은 이 우주의 신비에 매료되어 1920년 캘리포니아의 윌슨산 천문대의 연구원이 되어 성운 속의 별을 연구하기 시작했다.

그가 처음으로 연구했던 대상은 안드로메다로, 이 연구를 통해 천문학사에 영원히 남을 엄청난 발견을 하게 되었다. 그것은 안드로메다는 지구와 같은 은하의 일부가 아닌 또 하나의 외부은하라는 것이었다.

에드윈 허블.

현대 과학의 관점에서는 너무나 당연한 생각이지만 그 당시만 해도 은하는 하나라고 생각했다.

이 충격적인 발견의 주인공은 바로 미국의 천문학자 에드윈 허블이다. 허블은 이후 추가로 조사한 18개의 성운 모두가 새로운 외부은하라는 것을 발견했다.

허블의 외부은하 발견은 천문학자들의 관념을 한순간에 바꾸었을 뿐만 아니라 그 뒤의 위대한 발견에 큰 영향을 미쳤다. 또한 허블은 1926년 분광기를 이용한 청색편이와 적색편이 현상을 통해 우주가 팽창하고 있다는 것을 발견해 우주의 기원에 대한 호기심을 천문학자들에게 불러일으켰다.

팽창하고 있는 우주가 있다면 처음 시작은 어디서였을까? 허블은 천문학

우주 팽창을 이해하기 쉽게 이미지화한 모습.

우주 팽창 상상 이미지.

자들에게 새로운 화두를 던져준 셈이다.

실제로 허블 이후 우주의 미래와 과거에 대한 연구가 이어졌고 빅뱅을 발견하게 된다.

허블이 발견한 우주 팽창은 천문학자들의 의식과 관념을 획기적으로 확장시켰다. 이러한 의식의 확장은 지구가 우주의 중심이 아닌 한 일원이라는 것을 알게 해주었으며 다른 우주에 존재할지 모를 외계생명체와 생태계에 대한 연구에 관심을 갖게 해주었다.

우리가 우주에 대해 알고 있는 사실은 극히 일부일 뿐이다.

해저 확장 27

과학사에 있어 인류의 시각과 관점을 폭발적으로 바꾼 사건은 많이 있었다. 별들의 운행을 관찰할 수 있었던 우주에 대한 관점의 변화는 오히려 받아들이기 쉬웠을지 모른다. 하지만 우리가 밟고 있는 땅이 움직일 수도 있다는 관점의 변화는 너무나 두려운 일이었을 것이다. 베게너의 대륙이동설이 많은 사람들에게 인정받지 못했던 이유도 어쩌면 그런 두려움이 아니었을까?

이러한 두려움에 과학적 증거를 통해 사람들의 관점을 변화시키고 이해시킨 과학자가 있었다. 1957년 해리 헤스 미해군 사령관은 수심탐지기를 사용해 바다 깊이를 재고 있었다.

헤스 사령관은 프린스턴 대학의 지질학과 교수로 대서양에서 시추작업을

해저 확장 이미지.

지휘하며 자신의 이론을 증명하기 위해 노력했다. 하지만 시추작업을 할수록 자신의 이론과 일치하지 않는 증거들이 발견되어 매우 당황하게 되었다.

헤스는 퇴적에 의해 바다의 지표면이 상승한다고 생각했다. 이때까지만 해도 사람들은 바다 밑이 평평하다고 생각했다. 그러나 해저 바닥의 연대가 육지보다 훨씬 젊었다. 또한 대서양 바닥이 중앙해령에서부터 점점 더 멀어지고 있는 것을 발견한다. 결국 해저는 육지와 맞닿은 곳에서 솟아올라 마치 컨베이어벨트처럼 확장되어 이동했다가 다시 사라진다고 결론지었다. 이것은 땅이 움직인다는 것으로 이 당시만 해도 매우 받아들이기 힘든 일이었을지 모른다.

헤스는 대륙확장설과 대륙이 움직인다는 것을 과학적으로 증명했다. 헤스의 발견으로 판구조론에 대한 연구가 시작되었으며 과거 이론으로만 존재했던 베게너의 대륙이동설에 강력한 힘이 실렸다.

헤스는 해저 확장을 발견함으로써 지질학의 새로운 지평을 열게 되었다.

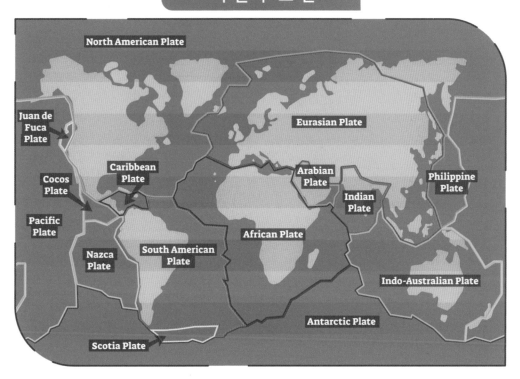

지 질 구 조 판

North American Plate

Juan de
Fuca
Plate

Eurasian Plate

Caribbean
Plate

Arabian
Plate

Philippine
Plate

Cocos
Plate

Indian
Plate

Pacific
Plate

African Plate

Nazca
Plate

South American
Plate

Indo-Australian Plate

Antarctic Plate

Scotia Plate

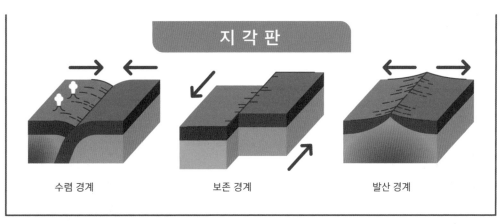

지 각 판

수렴 경계   보존 경계   발산 경계

판구조론에 따른 지구의 지질구조판과 판 경계의 유형.

지각변동으로 갈라진 절벽.

지각변동으로 갈라진 해구.

대륙이동설 28

1915년 대륙이동설을 발표한 알프레트 베게너는 독일 출신의 매우 활동적인 기상학자였다. 그는 1906년과 1908년 아이슬란드와 그린란드를 탐험할 정도로 열정적이고 움직이는 것을 좋아했다. 1911년 베게너는 남아메리카와 아프리카의 해안선이 마치 퍼즐처럼 딱 들어맞는다는 것을 발견했다. 그는 이 사실에 매우 흥분했지만 단순한 생각만 가지고는 자신의 이론을 펼칠 수 없다고 생각해 인내심을 가지고 수많은 증거를 찾기 위해 노력했다.

알프레드 베게너.

베게너는 오스트리아 지질학자인 에두아르트 쥐스의 연구자료를 토대로 남 아메리카와 아프리카의 지형, 화석, 식물군을 분석했고 두 대륙은 과거에 서 로 연결되어 있었다는 것을 발견하게 된다. 그리고 지구의 전 대륙이 아주 오 랜 옛날에는 하나의 거대한 대륙이었음을 확신한다. 베게너는 그 하나의 대륙 을 판게아라고 불렀다.

하지만 안타깝게도 베게너의 이론은 환영받지 못했다. 많은 과학자들은 그 의 이론에 비판적이었다. 과학자들은 물었다.

그럼 어떻게 대륙이 하나였다가 갈라지게 된 겁니까?

베게너는 그 질문에 대답할 수 없었다. 그로부터 40년 후 한 열정적인 지질 학자가 대답했다. 1957년 지질학자이자 미 해군 사령관이었던 해리 헤스가 바로 그 주인공이다.

베게너의 대륙이동설은 현대 지질학의 기초가 되었으며 지구의 지각, 맨틀, 핵에 대한 이해를 도왔다. 무엇보다 대륙이동설의 발견은 땅은 절대 움직이지 않으며 고정불변이라고 생각했던 사람들의 관념을 완전히 바꿔놓는 출발점이 었다는 것에 매우 큰 의미가 있다.

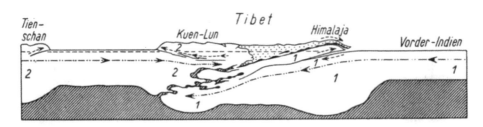

베게너가 저서에 소개한 판이동설 내용 중 일부.

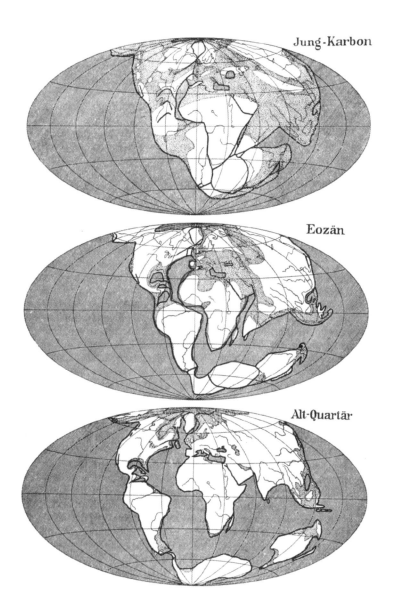

베게너가 주장했던 대륙이동설에 따른 대륙의 변화.

29 인체해부

1543년 의학서적 한 권이 출판되었다. 책의 이름은 《파브리 카》로 최초의 인체 해부에 관한 매우 정 밀한 책이었다. 이 책은 의학계에 엄청난 반향을 일으켰으며 이후 300여 년간 해 부학교과서로 사용되었다. 하지만 이 해 부학서가 의학계에 받아들여지고 이용되 기까지 한 해부학자의 열정과 노력이 없 었다면 불가능한 일이었다.

이 책을 출간한 사람은 벨기에 출신의 해부학자 안드레아스 베살리우스이다.

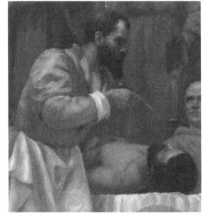

안드레아스 베살리우스의 수술 장면을 그린 작품.

베살리우스는 어린 시절부터 해부와 의학에 매우 열정적이었다. 그 당시 인체 해부는 의대에서도 다루지 않았던 분야였다. 의사들은 실제 해부를 하지 않았으며 고대 그리스 의학자였던 갈레누스의 《해부학서》가 마치 성경처럼 받아들여졌다.

하지만 책으로만 접하는 인체 해부로는 호기심과 해부에 대한 열정을 채울 수가 없었던 베살리우스는 사형집행관인 친구를 통해 방금 사형당한 시체를 구해 직접 해부했다. 사람들은 까칠하고 오만한 베살리우스에 대해 당황스러워 했지만 그의 해부실습만은 대단한 인기를 끌었다. 아주 정밀하고 정확한 《파브리카》는 갈레누스의 《해부학서》를 능가했으며 1500년간 신앙처럼 믿어왔던 갈레누스가 틀렸다는 것을 증명했다. 또한 그의 인체 해부도는 실제적이고 직접적인 실험과 관찰로 이루어졌다는 점에서 이전에는 없었던 책이었다.

베살리우스의 《파브리카》는 의학계의 핵폭탄과도 같았다. 많은 의사들과 학자들은 쉽게 받아들일 수가 없었다. 베살리우스를 의심했고 비판했다. 그러나 결국 《파브리카》는 살아남았으며 인정받았다.

베살리우스의 인체 해부도는 의학의 발전에 가장 위대한 주춧돌을 놓았다. 인체를 모르는 의학은 존재할 수 없기 때문이다.

안드레아스 베살리우스의 저서 《파브리카》의 표지.

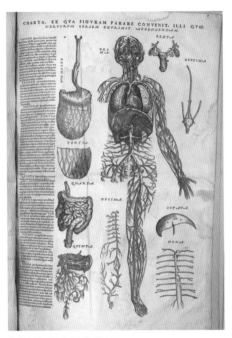

《파브리카》의 인체해부도.

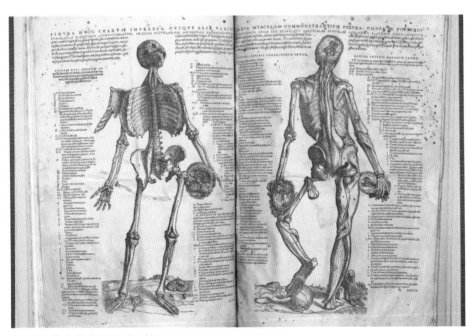

《파브리카》의 인체해부도 중 일부.

혈액순환계

1628년 독일의 한 작은 출판사에서는 70여 쪽의 간단한 책
한 권이 출판되었다. 그 책은 자신의 위대한 발견이 두려움 때문에 퍼지기를
원하지 않았던 한 소심한 의사의 책이었다. 그의
이름은 윌리엄 하비로, 심지어 그는 영국 찰스 1
세의 주치의였다. 하비는 심장의 역할에 무척 관
심이 많아 심장 연구에 열정을 쏟고 있었다.

하비는 동물 실험을 통해 동맥과 정맥의 상관
관계를 알아냈으며 심장과 혈관들이 하나의 순
환하는 순환계로 이루어져 있다는 것을 발견하
게 된다. 또한 혈액은 사라지는 것이 아니라 우

윌리엄 하비.

리 몸을 돌면서 공기와 영양분을 공급한다는 사실도 알게 된다.

결국 1625년 하비는 우리가 알고 있는 혈액순환계의 모든 시스템의 대부분과 기존에 믿고 있던 학설이 틀렸다는 것을 발견했다. 하지만 이 엄청난 발견에 하비는 마음을 졸였다. 그 당시까지만 해도 심장은 신성한 인간의 양심이 사는 곳으로 여겨졌다.

하비는 사람들의 신성한 믿음을 무너뜨릴 용기가 나지 않았다. 그럼에도 그의 발견은 엄청난 반향을 불러일으켰으며 결국 1650년 혈액순환계의 정설이 되었다.

하비의 발견으로 인해 해부학과 외과수술은 비약적으로 발전하게 되었다. 현대 의학에서 수술 시 사용되고 있는 지혈겸자는 하비의 혈액순환계의 발견으로 만들어진 도구이다. 하비의 얇지만 위대한 책은 생리학 분야의 초석이 되었고 그의 업적으로 수많은 생명을 구할 수 있게 되었다.

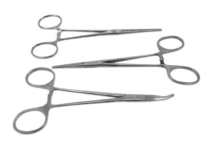

지혈겸자.

1895년 겨울, 독일의 한 마을에서는 공포에 질린 여자의 비명소리가 온 지하실에 울려 퍼지고 있었다. 여자는 죽음의 징조를 본 것 같다며 두려움에 떨고 있었다. 그녀는 뷔르츠부르크 대학의 물리학 교수인 빌헬름 뢴트겐의 아내였다.

빌헬름 뢴트겐.

뢴트겐이 처음으로 X-선을 발견한 위대한 순간이었지만 그의 아내에게는 결코 유쾌한 경험이 아니었다. 뢴트겐은 음극선관인 크룩스관을 이용하여 실험에 몰두하고 있었다. 그러던 중 정말 우연하게 알 수 없는 빛을

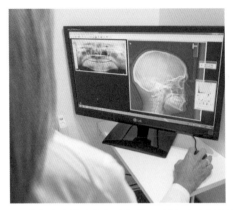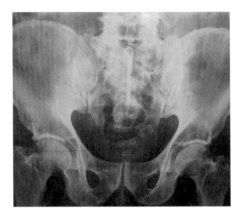

X-선이 가장 활발하게 이용되는 곳 중 하나가 병원이다.

발견하게 된다. 그 빛의 실체를 알 수 없었던 뢴트겐은 알 수 없다는 뜻의 X 라는 이름을 붙여 주었다.

이후 계속 연구에 몰두한 뢴트겐은 그 의문의 X-선이 나무, 종이, 옷 등을 비롯해 많은 물질을 뚫고 통과한다는 것을 발견하게 되었다.

X-선의 발견이 인류에게 가져다 준 혜택은 너무나도 많지만 가장 눈에 띄는 것은 진단의학 분야이다.

이 전만 해도 많은 의사들은 환자의 정확한 상태를 알지 못하는 상태에서 위험한 수술을 강행해야 했다. 하지만 X-선의 발견 이후 정확한 진단이 가능해지면서 불필요한 수술을 막을 수 있었다. 그리고 현대에 들어서는 절개하지 않고도 수술이 가능할 만큼 기술의 발전을 이루게 되었다. 이제 외과 수술의 위험이 현저하게 줄어든 것이다.

또한 X-선은 더 정밀한 CT 촬영 기술 등을 이끌어 현대 진단의학 발전에 초석이 되었고 의학뿐만이 아닌 물리학, 화학, 공학, 천문학 등 다양한 분야에

X-선의 발견은 질병치료에 커다란 진전을 가져왔다.

큰 영향을 주었다.

화학자들은 X-선을 이용해서 복잡한 분자 구조를 밝혀냈으며 천문학자들은 X-선 망원경을 이용해 더욱 정밀한 천체관측을 할 수 있게 되었다. 물리학자들은 다양한 방사선과 방사능 원소, 전자기파 스펙트럼 등을 발견하고 이해하게 되었다.

수많은 현대 과학을 이끈 혁명적이고 위대한 X-선의 발견에서 더 주목해야 할 것은 뢴트겐의 공익정신이다. 뢴트겐은 X-선을 인류 전체의 것이라고 생각해 특허신청을 하지 않았다.

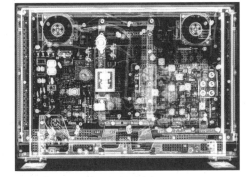

X-선으로 찍은 텔레비젼 내부.

누스타 위성 망
원경은 X-선을
이용해 우주를
촬영하고 있다

누스타 위성 망
원경으로 찍은
센타우루스 A
성운.

지구에 생명은 어떻게 탄
생 되었는가? 이 해답을 찾는 여정은 과거
로부터 현재에 이르기까지 여전히 진행형
이며 앞으로도 계속 될 것이다. 과학자들은
이 질문에 답을 하기 위해 자신의 연구에
헌신하고 열정을 쏟아왔다.

　1953년, 이 험난한 여정의 첫 번째 실험
적 단서를 제공한 사람이 있었다. 그는 미
국의 화학자이자 생물학자인 스탠리 밀러
였다. 밀러는 지구 생명의 기원은 원시 바

스탠리 밀러.

과학자가 첨단장비로 DNA 염기 서열을 해독하고 있다.

다의 무기물에서 저절로 생겨난 아미노산에서 진화했다는 이론을 실증적 실험을 통해 증명했다.

밀러의 스승인 화학자 해럴드 유리는 원시지구 대기가 메탄, 암모니아, 황화수소로 이루어져 있음을 밝혀냈다. 밀러는 스승의 이론을 바탕으로 실험도구를 만들었다. 무균상태의 플라스크와 비커에 메탄, 암모니아, 황화수소를 집어넣은 인공 원시대기를 만든 것이다. 전기충격을 통해 원시지구의 번개도 재현해 냈다. 이 작은 인공 플라스크 안은 원시지구의 대기와 바다 상태가 된 것이다.

실험은 성공적이었다. 얼마 지나지 않아 밀러는 비커 안에 모인 유기화합물을 확인할 수 있었다. 그것은 단백질의 구성요소인 아미노산이었다. 밀러는 무에서 생명의 기본요소를 만들어 낸 것이다. 이것은 생명이 탄생할 수 있는 기본조건이 갖춰진다면 무기물에서 유기물이 탄생할 수 있다는 증거이기도 했다.

과학자들은 너무나 쉽게 아미노산을 만들어낸 이 실험에 놀라움을 금치 못했다. 밀러의 이 실험은 같은 해 프란시스 크릭과 제임스 왓슨이 DNA의 분자 구조를 밝혀냄으로써 더욱 힘을 받게 되었다. 그리고 1953년은 생물학에서 매우 기억할 만한 해가 되었다.

밀러의 발견은 이후 생명과학의 발전을 이끌었다. 오늘날의 생명과학은 인간 게놈을 완성함으로써 생명의 기원에 한층 더 다가가고 있을 뿐만 아니라 의학의 발전 가능성을 확장시키는 데 견인차 역할을 하고 있다.

20가지 아미노산의 종류와 구조.
단백질은 몸안에서 아미노산으로 분해된 후 흡수되기 때문에 아미노산의 종류와 양에 따라 단백질의 영양가가 정해진다.

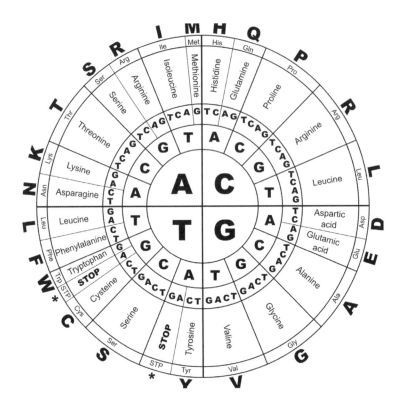

아미노산의 종류를 이해하기 쉽게 보여주고 있는 도표.

자연의 질서 33

칼 린네는 스웨덴 출신의 식물학자이다. 린네는 의학을 전공하고 있었지만 식물에 관심이 많았다. 정원에서 식물 관찰하는 것을 좋아했던 린네는 이 많은 식물들이 수천 종의 각기 다른 생명체라는 것이 이해할 수 없었다. 그 당시만 해도 사람들은 자연이란, 말 그대로 자연스럽게 다양한 종들의 생명들이 흩어져 있는 곳이라고 생각했다. 하지만 분류하는 것을 매우 좋

칼 린네의 초상화.

아했던 린네는 참을 수 없었다. 자연에 질서를 부여해 보고 싶었다.

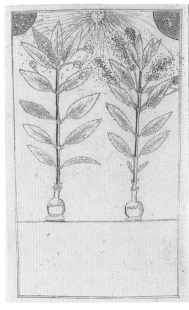
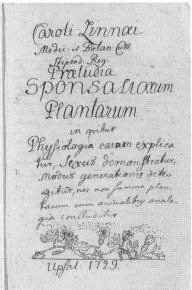

칼 린네의
《생명의 나무》
중 일부.

 우연히 식물학자 세바스티앙 바양의 논문을 읽게 된 린네는 식물 또한 생식
기관을 가지고 있다는 내용에 매료당한다. 바양의 논문에 아이디어를 얻은 린
네는 식물을 생식기관을 기준으로 분류하기 시작한다. 결국 1735년 계-문-
아문-강-목-과-속-종의 린네 분류법이 완성된다. 이것은 엄청난 노력과 열
정이 따르는 일이었다. 하나의 커다란 덩어리처럼 여겨지던 자연에 도서관에
꽂힌 책처럼 카테고리를 만든 것이다.

 지금도 우리는 린네 분류법의 영향력 안에서 자연의 모든 동, 식물을 분류
해 낸다. 린네는 모든 동, 식물 분류에 있어 라틴어식 명명 체계를 만들었고
지금도 그 체계는 지켜지고 있다.

 인간을 영장목에 속한 호모 사피엔스라고 부른 최초의 학자가 바로 린네이

다. 린네의 분류법을 따라가다 보면 거대한 생명나무의 뿌리를 볼 수 있다. 모든 생명들이 하나에서 시작해 나뭇가지처럼 뻗어 나가는 형태를 지닌 이 생명나무는 자연선택에 의한 종의 진화 과정을 보여준다.

린네의 분류법은 후에 생물학, 식물학 등의 기초가 되었다.

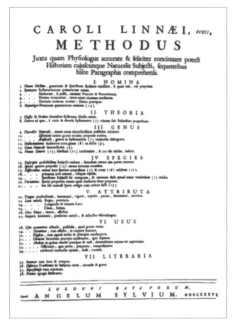

린네 분류법.

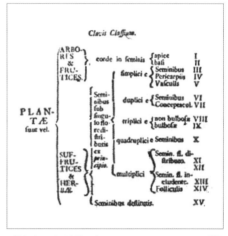

체살피노의 식물 강(Classes Plantarum) 계통 분류.

34 진화론

다윈은 박물학자로서 그의 20대 전부를 비글호에서 보냈다. 젊은 박물학자에게 갈라파고스는 경이로운 곳이었다. 6년의 긴 항해를 마치고 갈라파고스에서 돌아온 다윈은 수집품들을 연구하며 생명의 법칙을 발견하고자 했다.

귀향 후 다윈은 착륙했던 여러 섬에서 채집해 온 다양한 동, 식물들의 표본 연구에 몰두한다. 다양한 환경의 핀치 새에 주목하게 된 다윈은 섬마다 다른 자연환경에 따라 핀치 새의 먹이와 부리 모양이 다르다는 것을 발견하게 된다. 같은 종이라도 환경에 따라 습성과 모습이 다르며 그

찰스 다윈.

것은 자기가 사는 환경에 적응한 생명만 살아남는다는 결론에 이르게 되었다. 이것이 자연 선택설이다.

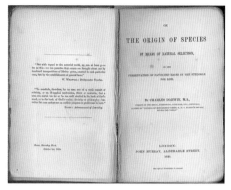

찰스 다윈의 저서《종의 기원》속표지.

자연 선택설은 진화론의 이론적 배경이 되었다. 코페르니쿠스의 천동설만큼이나 인류 역사상 충격적이었던 발견은 진화론일 것이다. 인류의 종교적 신념에 핵폭탄을 터뜨린 사건이었기 때문이다. 다윈 또한 종교적인 압박에 자신의 이론을 세상에 내놓을 용기가 없었다. 그러나 수많은 학자들의 권유를 받아 결국 1859년 진화론을 담은《종의 기원》이 출간된다.

여전히 진화론은 논란이 되고 있다. 하지만 생물학, 인류학 등을 비롯한 자연과학은 진화론의 관점에서 진보하고 있다는 것만은 부정할 수 없는 사실이다.

다윈의 진화론은 근대 생물학과 생태학의 초석이 되었다. 오늘날의 생물학

갈라파고스 군도는 섬이 분리되어 있어 사는 생물들이 섬의 환경에 따라 진화한 모습이 다르다. 그로 인해 다윈의 진화론 연구의 주요 장소가 되었다.

은 결국 다윈에서부터 시작되었다고 해도 과언이 아니다. 현대 의학의 견인차 역할을 하고 있는 세포 유전학과 DNA의 연구 또한 인류의 진화를 증명하고 자 하는 연구에서 탄생되었다.

진화론의 발견은 생물학과 유전 연구, DNA 연구, 의학에 이르기까지 인류 가 걸어왔던 생명 본질 탐구의 그 첫 발걸음이었다는 것에 큰 의미가 있다.

지구는 탄생 이후 끊임없이 진화해왔다.

박테리아

자신이 좋아하는 일에 얼마나 열정을 쏟을 수 있을까? 360여 년 전 네델란드의 한 포목점에는 과학에 대한 정규 교육을 받은 적은 없으나 과학과 수학에 대한 열정만은 최고였던 점원이 있었다. 그는 정확한 맞춤법도 논문을 쓰는 법도 익숙하지 않은 평범한 사람이었다. 그의 이름은 안톤 판 레이우엔훅이다.

안톤 판 레이우엔훅.

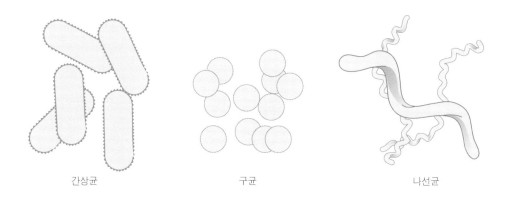

| 간상균 | 구균 | 나선균 |

박테리아의 세 가지 형태.

훅은 포목점 일을 하면서도 시간을 쪼개어 독학으로 수학을 공부했다. 훅의 관심은 현미경이었다. 훅은 갖은 노력 끝에 1673년, 270배율의 현미경을 만들었다. 그리고 신비한 미시의 세계로 여행이 시작되었다.

훅은 벌, 머리카락, 물방울, 혈액 먼지 등 그의 호기심이 미치는 모든 작은 것들을 들여다보기 시작했다. 1676년 훅은 박테리아를 발견하게 된다. 그리고 박테리아와 같은 작은 미생물은 어디에나 존재하며 질병을 일으킨다고 주장하게 되었다.

훅이 관찰한 미생물들은 그의 꼼꼼함과 노력에 의해 정밀화로 남게 되었다. 또한 훅은 유글레나, 아메바, 정자, 혈액 세포 등도 발견했다. 그중에서도 모세혈관의 발견은 매우 의미 있는 일이 되었다. 그것은 혈액순환계를 발견한 윌리엄 하비와 이어져 있었다.

하비는 동맥에서 정맥으로 혈액이 어떻게 흐르는지를 설명할 수 없었다. 그에게는 현미경이 없었기 때문이다. 하지만 훅이 모세혈관을 발견함으로써 하비의 혈액순환계는 완성될 수 있었다. 이것은 대단한 업적 중 하나이다. 하비로부터 시작된 순환계는 훅의 발견으로 완성되었으며 그로 인해 의학은 한 걸음 더 발전할 수 있었다.

훅의 박테리아 발견은 미생물학의 시초가 되었다. 미생물학의 연구는 백신과 페니실린에 이어 수많은 항생제 등의 발견과 발명을 이끌었으며 수백만의 생명을 구하는 데 이바지했다.

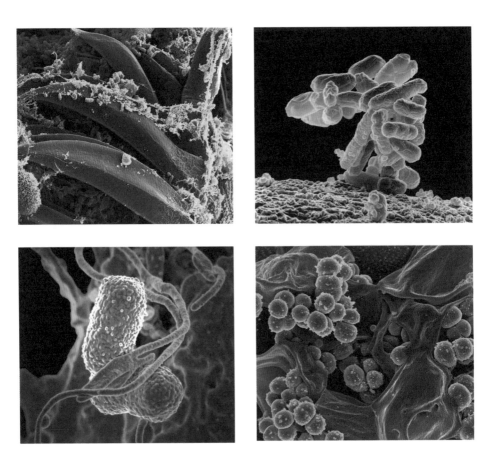

현미경으로 관찰한 다양한 형태의 박테리아.

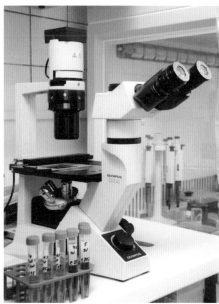

현미경으로는 인간의 눈으로 관찰할 수 없는 미세한 물체나 미생물을 확대해서 볼 수 있다.

36 대기권

아침이면 많은 사람들이 습관적으로 하는 일 중 하나가 있다. 오늘의 날씨를 검색해 보는 것이다. 100여 년 전만 해도 날씨는 미리 예측하기 어려운 일이었다. 하지만 어느 열정적인 기상학자 덕분에 우리는 지구 상공의 대기권과 기상 현상에 대해 충분히 이해하게 되었다.

1895년 프랑스의 국립 기상센터 소장이었던 레옹 테스랑 드보르는 자신의 개인 연구를 위해 소장직을 그만둔다.

드보르는 저 높은 하늘이 늘 궁금했다. 기상센터 소장이었지만 제대로 날씨를 예측할 수 없었

레옹 테스랑 드보르.

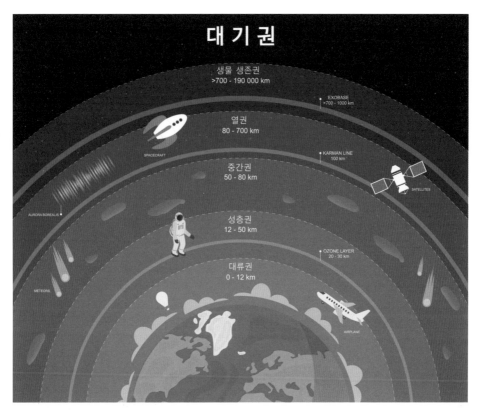

대기권에서 활동가능한 단계를 이미지화했다.

던 것에 한계를 느낀 드보르는 직접 하늘에 대해 조사해보기로 한다.

드보르는 자신이 직접 제작한 기구를 이용해 매일 높은 상공으로 올려보냈
다. 기구가 낙하하는 지점을 찾아 헤매기를 수십 번! 결국 234번의 실험 끝에
하늘의 대류권과 성층권을 발견하게 된다.

대류권은 바람, 구름, 비 등의 모든 기상현상이 일어나는 곳으로 지표면으
로부터 약 11km에 해당하는 곳이다.

성층권은 11km 이상의 층으로 온도가 일정하게 유지되며 대류도 일어나지

않는 곳이다.

드보르의 발견으로 인류는 대기권에 대한 많은 이해와 새로운 시각을 갖게 되었다. 또한 날씨와 기상 예측에 대한 연구가 시작되었다.

미국의 TIRos를 시작으로 오늘날에는 수많은 기상위성과 첨단 관측소와 관측 장비 등이 실시간 날씨 예측을 하고 있다. 드보르의 발견으로부터 시작된 기상에 대한 지식과 그것을 바탕으로 하는 예보시스템은 오늘날 경제, 사회, 인명구조에 매우 큰 역할을 하고 있다.

기상위성 시스템으로 지구의 대기를 관찰하고 있다.

지난 2006년 발사된 칼립소 위성은 라이더(레이저 레이더) 장비로 지구의 구름과 대기 중 입자가 지구 기온을 올리고 내리는 효과를 측정하고 있다.

기상위성으로 관찰한 사이클론.

37 빙하기

아주 오랜 세월, 인류는 지구가 끊임없이 변화한다는 사실을 몰랐으며 그 믿음은 수천 년 동안 지속되었다.

지구를 변하게 하는 요인에는 무엇이 있을까? 그중 하나가 바로 빙하기다. 지금은 그리 충격적인 말이 아니지만 19세기 초반에는 머릿속을 뒤흔들어 놓을 만한 생각이었다.

처음 지구의 빙하기를 발견한 사람은 스위스 출신 미국의 지질학자이자 고생물학자인 루이 아가시였다. 아가시는 1837년 자신의 고향인 스위스의 빙하를 연구하던 중에 지구의 빙하기를

루이 아가시.

발견하게 된다.

매우 폭넓고 치밀한 자료수집과 증거를 토대로 이루어진 그의 발견에 학자들은 반박할 수 없었다.

아가시가 빙하기의 존재를 증명했다면 빙하기가 어떻게 생겼는지에 대한 발견은 1920년 유고슬라비아 물리학자 밀루틴 밀란코비치에 의해 이루어졌다.

밀란코비치는 지구의 공전궤도 변화에 따른 온도변화와 지구 자전축의 변화 때문에 빙하기가 온다고 주장했으며 수학적인 계산을 통해 증명했다.

빙하기는 지구 환경이 끊임없이 변화하는 과정을 통해 현재에 이르렀으며 현재의 환경 또한 변화할 수 있다는 것을 많은 사람들에게 알려주었다.

빙하기의 발견으로 근대 지질학이 폭넓게 발전할 수 있었으며 수많은 생물학적 의문점을 푸는 데도 도움을 주었다. 지구는 총 17번의 빙하기를 거쳤으며 앞으로도 그 주기는 계속될 것으로 보고 있다.

지구의 중요 빙하기	
23억~17억 년 전	휴로니안 빙하기, 선캄브리아기
6억 7000만 년 전	원생대, 선캄브리아기
4억 2000만 년 전	고생대, 오르도비스기와 실루리아기 사이
2억 9000만 년 전	고생대, 석탄기 후반과 페름기 전반 사이
1700만 년 전	신생대, 4기, 플라이스토세

그후 8000 년 전 대서양 시대가 시작될 무렵의 세계 기후는 ORNL 추정치에 따라 오늘날보다 따뜻하고 더웠을 것으로 보고 있다.

최후최대 빙하기의 지구

■ 폐쇄림
▢ 익스트림 사막(극한 사막)

빙하가 흘러가던 계곡인 빙곡의 흔적은 빙하기를 연구하는 자료가 된다.

백신(예방접종법) 38

동·서양을 아울러 전염병은 끔찍한 공포의 대상이었다. 개인을 넘어서 나라 전체를 무너뜨리고 고통 속에 몰아넣을 만큼 파괴력 또한 컸다. 가장 강력한 전염병 중 하나였던 천연두는 오랜 세월 인간을 괴롭혀 온 질병이었다. 고대로부터 천연두 치료법은 민간요법처럼 혹은 종교의식처럼 전해 내려왔지만 대중화되기에는 위험한 부분이 많았

에드워드 제너. 뒤로 우유 짜는 여자들이 보인다.

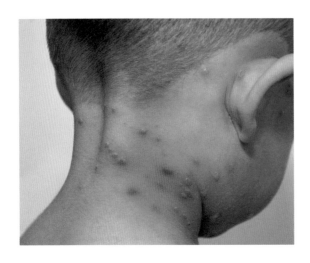

천연두에 걸린 어린이.

다. 이러한 위험을 현저히 낮추고 안전한 치료방법을 최초로 발견한 사람은 영국의 외과 의사인 에드워드 제너였다.

제너는 우유 짜는 일을 하는 여자들은 천연두에 걸리지 않는다는 이야기를 듣게 된다. 우두는 소가 앓는 바이러스성 전염병이었다. 우유를 짜는 여자들의 손에는 젖소로부터 전염된 우두 바이러스 때문에 고름이 잡힌 후 사라지는 일이 흔했다. 우두 바이러스를 이겨낸 여자들은 천연두에 걸리지 않았다. 천연두에 면역이 생긴 것이다. 이것을 본 제너는 우두 바이러스가 천연두와 유사성이 있다고 생각했다.

이후 제너는 20명의 아이들에게 우두 바이러스를 접종하는 실험을 했다. 아이들은 손에 고름이 잡히고 우두를 살짝 앓다가 이내 회복되었다. 그리고 천연두를 투여했을 때 모두 멀쩡했다. 실험은 대성공이었다.

1798년 제너는 자신의 이론을 실증적 실험을 통해 증명한 우두 백신을 공개했고 이후 백신은 전 세계로 빠르게 퍼져 나갔다. 우두법은 천연두 고름

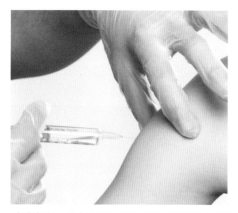

현대사회는 예방접종을 통해 많은 전염병과 질병의 공포에서 해방되었다.

을 직접 접종하는 인두법보다 훨씬 안전하고 성공확률이 확실한 예방접종 법이었다.

제너의 우두법 발견은 수백만 명의 생명뿐만 아니라 천연두에 대한 공포와 고통으로부터 사람들을 구해냈다. 결국 천연두는 1979년 지구상에서 완전히 사라졌다.

제너 이후 백신은 프랑스의 미생물학자인 파스퇴르에 의해 천연두뿐만이 아닌 탄저병, 광견병, 닭 콜레라 등의 다른 질병에도 적용되면서 그 영역이 더 크게 확장되었다. 그리고 오늘날에 이르러 백신은 병의 원인을 추적하여 사전 에 예방하는 예방의학의 발전을 가져왔다.

39 비타민

1890년, 네덜란드 동인도 회사의 선원들은 각기병과 괴혈병으로 심한 고생을 하고 있었다. 그 원인을 파악하기 위해 조사에 나선 크리스티안 에이크만은 각기병의 원인이 세균이라고 믿던 동인도 회사 소속 의사들과는 다른 의견을 제시한다.

에이크만은 한때 각기병에 걸렸다 정상으로 돌아온 닭들에게 관심을 갖게 된다. 닭들을 조사하던 에이크만은 닭 모이가 흰쌀에서 현미로 바뀐 시점부터 각기병이 전부 사라진 것을 알게 된다. 각기병의 원인은 세균이 아니라는 확신이 들었다. 현미

프레더릭 홉킨스.

우리는 주로 음식을 통해 비타민을 섭취하고 있다.

에 들어 있는 그 무엇인가가 닭들을 낫게 한 것이다. 그렇다면 현미에 들어있는 그 무엇인가는 과연 무엇이었을까?

그 질문에 구체적인 답을 한 사람은 영국 생화학자 프레더릭 홉킨스였다. 홉킨스는 에이크만의 연구를 더 발전시켜 현미 안에 각기병을 막는 아미노산이 존재한다는 것을 밝혀냈다. 이것으로 홉킨스는 특정 영양소가 특정 식품에만 존재하고 있다는 것을 발견하게 된다. 그 영양소는 우리 몸의 신진대사에 관여하여 정상적인 기능을 할 수 있도록 도와주는 매우 중요한 영양소였다. 이들이 발견한 것은 바로 비타민이었다. 결국 에이크만과 홉킨스는 비타민을 발견한 공로로 1929년 노벨 생리의학상을 수상한다.

비타민의 발견은 영양과 건강에 대한 많은 사람들의 생각을 완전히 바꾸어

비타민의 다양한 종류.

놓았다. 또한 인체의 작용 원리를 연구하는데도 큰 도움을 주었다.

오늘날 사람들은 단백질, 탄수화물, 지방뿐만이 아니라 비타민, 무기질 등의 영양소가 공급되어야 건강한 신체를 유지할 수 있다는 것을 잘 알고 있다. 비타민 덕분에 보다 더 균형적이고 건강한 식단을 추구할 수 있게 되었다. 건강한 식단과 식이요법에 대한 인식은 면역과 질병 예방에 큰 도움을 주었고 그로 인해 인류는 영양학적으로 가장 건강하고 균형 잡힌 시대를 맞이하고 있다.

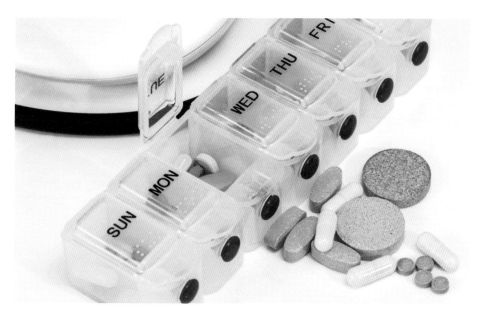

오늘날 부족한 비타민의 섭취는 영양제로 보충하고 있다. 하지만 지용성 비타민을 과다섭취하면 지방 조직이나 간에 축적되어 다양한 부작용을 겪을 수 있으므로 주의해야 한다.

40 염색체

　　오랜 열정을 받친 연구가 결국 자신이 틀렸다는 것을 증명하게 된다면 학자로서 어떤 기분이 들까? 그런 난감함에 봉착한 한 생물학자가 있었다. 그는 미국의 유전학자이자 생물학자인 토머스 모건이다.

　　모건은 멘델의 유전법칙과 다윈의 자연 선택설에 반대입장을 가진 학자였다. 그는 유전자의 존재를 부정했을 뿐만 아니라 진화는 어느 날 불쑥 나타난 돌연변이에 의해 이루어진다고 생각했다.

　　자신의 이론을 증명하고자 했던 모건은 초파리를 연구대상으로 삼았다. 알의 수가 많고 세대

토머스 모건.

간격이 매우 짧았던 초파리는 모
건의 실험에 아주 적합한 대상이
었다.

모건은 오랜 인고의 시간 끝에
일반적인 빨간 눈이 아닌 하얀 눈
을 가진 수컷 초파리를 발견한다.
돌연변이였다. 하지만 아쉽게도
돌연변이의 자손세대들은 모건의
이론을 보기 좋게 따돌렸다. 돌연
변이 흰 눈 초파리와 정상의 빨간

토머스 모건은 초파리 실험을 통해 염색체의 기능과
유전을 입증했다.

눈 초파리 사이에서 태어난 자손들은 멘델의 유전법칙에 따라 전부 빨간 눈(1
세대), 흰 눈과 빨간 눈이 1 : 3(2세대)의 비율로 태어난 것이다.

결국 멘델에게 손을 들 수밖에 없었던 모건이지만 이 실험을 통해 멘델을
뛰어넘는 발견을 하게 되었다. 그것은 유전자가 염색체 상에서 선형으로 줄
줄이 위치하고 있으며 염색체가 유전자를 다음 세대로 나르는 역할을 한다는
것이다.

이 발견은 형질 유전 연구에 매우 중요한 것이었다. 모건은 염색체의 기능
과 한 세대의 형질이 다음 세대로 어떻게 이어지는가에 대한 단서를 찾은 것
이다. 결국 모건은 그가 부정했던 멘델의 유전법칙을 확실하게 증명했으며 유
전학자로서는 최초로 노벨상을 수상하게 된다.

모건의 발견은 이후 생명의 유전과 진화뿐만이 아닌 20세기 최고의 발견이
라 불리우는 DNA 분자구조 연구에 토대가 되었다.

인간 염색체

남자

여자

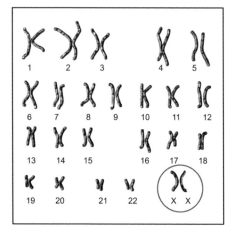

남성과 여성의 염색체 지도

장난감처럼 취급
되던 망원경을 과학 도구로 발전시
킨 사람이 있었다. 그 사람은 바로
갈릴레오 갈릴레이다.

　1610년 갈릴레이는 망원경에 완
전히 매료되어 있었다. 자신이 직접
제작한 망원경을 통해 달에 있는 산
과 은하수를 관찰했을 뿐만 아니라
목성 주변을 도는 4개의 위성을 발
견했다. 이 발견은 코페르니쿠스의

갈릴레오 갈릴레이.

갈릴레오가 베니스의
총독에게 망원경 사용
법을 보여주고 있다.

지동설을 입증하는 증거이기도 했다.

그러나 당시 교회는 지동설을 증명하려는 갈릴레이를 인정할 수 없었다. 결국 이 사건으로 갈릴레이는 교회로부터 유죄판결을 받고 집에서 나올 수 없게 되었다.

이후 갈릴레이의 발견이 인정받기까지 350여 년이라는 긴 세월이 걸렸다.

갈릴레이는 매우 열정적인 천문학자였으며 실제 관측을 통해 알아낸 사실에 기초하여 연구를 한 최초의 천문학자이기도 했다. 갈릴레이의 망원경은 인류에게 저 넓은 우주를 직접 눈으로 보고 느낄 수 있는 여행을 가능하게 해주었다. 이 발견은 지구와 같은 행성이 다른 우주에도 있을 수 있다는 가능성을 보여준 것이며 다시 한 번 인간의 의식을 우주 저 멀리까지 확장시켜준 계기가 되었다.

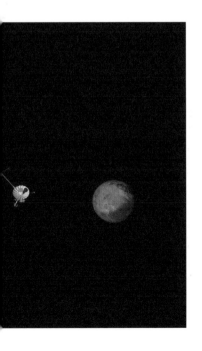

목성과 갈리레오 갈릴레이가 망원경으로 발견한 이오, 유로파, 가니메데, 칼리스토 위성 그리고 보이저호.

42 핼리혜성

천체에 대한 이해가 부족했던 수백 년 동안 혜성은 불길한 징조의 대상이었다. 동, 서양을 아울러 역사 속에 나타난 혜성의 흔적들은 많은 사람들을 공포와 두려움으로 몰아넣었다.

영국의 천문학자였던 에드먼드 핼리는 1531년, 1607년, 1682년에 나타난 것으로 기록되어 있는 혜성들 사이에 연관성을 연구하게 된다. 핼리는 갈릴레이와 같이 과학적 관찰을 통해 연구하고 분석하는 것을 매우 좋아했던 천문학자였다. 그 결과 1707년, 혜성들은 각기 다른 세 개의 혜성이 아닌 하나의 혜성으로 동일한 궤도를

에드먼드 핼리.

1070년대 웬스트민스트 사원에 있는 테피스트리에 담긴 핼리혜성.

가지고 있다는 것을 발견하게 된다. 또한 태양의 주위를 76년 주기로 돌고 있다고 생각한 핼리는 1758년, 혜성의 귀환을 예측했다.

안타깝게도 핼리는 지구로 돌아오는 혜성을 보지 못하고 세상을 떠났다. 하지만 핼리의 예언대로 1758년 크리스마스 저녁에 혜성은 다시 지구를 찾았다. 사람들은 핼리의 공적을 기리기 위해 혜성의 이름을 핼리혜성이라고 명명했다.

핼리혜성의 발견은 천문학 역사에 있어 매우 의미 있는 사건 중 하나이다. 수 세기에 걸쳐 무지로 인해 발생한 물리적 현상에 대한 공포심을 과학적 사고와 관찰을 통해 합리적이고 이성적인 사고로 전환시키는 데 큰 역할을 했기 때문이다. 이것은 인류의 의식과 관념을 과학으로 바꾼 중요한 사례 중 하나이다.

두려움과 공포를 몰고 왔던 핼리혜성! 이제는 76년을 기다려야 만날 수 있는 멋진 우주의 선물이 되었다.

1910년 관찰된 핼리혜성의 사진.

1986년 지구를 방문한 핼리혜성 기념우표. 다양한 상징들이 담겨 있다.

일반상대성이론

물리학 역사에 있어 1915년은 위대한 사건의 시작을 알리는 해였다. 그것은 알베르트 아인슈타인의 일반상대성이론이 발표된 해였기 때문이다.

아인슈타인은 수성 궤도의 근일점(태양과 가장 가까워지는 점)을 연구하는데 있어 뉴턴의 중력 법칙이 적용되지 않는다는 것에 골머리를 앓고 있었다. 그러던 1914년, 아인슈타인은 스위스 베른의 전차 안에서 엄청난 영감을 받게 된다. 그의 머릿속에 떠오른 생각은 중력에 의한 굴절 공간 개념이었다. 다시 말해, 우주의 시공간이 중력에 의해 휘어진다는 것이다. 이 생각은 물리학자들조차도 받아들이기 매우 어려운 개념이었다. 뉴턴의 운동법칙은 250년간 물리학의 신앙이었기 때문이다. 하지만 아인슈타인은 과감하게도 뉴턴의 역

아인슈타인과 블랙홀 그리고 그를 대표하는 공식.

학 법칙을 뛰어넘어 새로운 시공간 개념을 내놓은 것이다. 결국 아인슈타인의 이론은 1919년, 영국 물리학자 아서 에딩턴이 아프리카와 남미에서 실시한 일식 실험을 통해 증명되었다.

에딩턴은 태양 뒤에 있던 별빛이 거대한 태양의 중력에 의해 휘어지는 것을 목격하게 된다. 이로써 일반상대성이론은 물리학의 판을 근본적으로 바꿔 놓았으며 아인슈타인은 20세기 가장 유명한 물리학자가 되었다.

일반상대성이론의 발견은 빅뱅과 같은 사건이었다. 뉴턴의 우주가 끝나고 아인슈타인의 우주가 탄생한 것이다. 일반상대성이론의 등장은 형이상학적인 광활한 우주론에서부터 우리의 삶을 보다 편리하게 바꿔준 미세한 기술에까지 그 파급효과는 엄청난 것이었다. 그것은 우주가 고정불변이라는 관념을 과감히 깨주었고 우주에 대한 관념의 지평을 확장시켰다. 또한 라식수술, 디지털카메라, 원자력발전, GPS 등과 같은 첨단 기술들을 탄생시켰다.

일반상대성이론에는 중력이 적용된다. 이 이미지는 중력에 의한 굴절을 표현했다.

일반상대성이론은 이후 빅뱅, 블랙홀, 우주 팽창, 중력파 등의 이론들을 이끌어내며 양자역학과 함께 현대물리학의 양대 산맥 중 하나가 되었다.

현대물리학은 아인슈타인 이전과 이후로 갈린다고 한다. 지난 100여 년간 물리학의 한 분야는 아인슈타인의 이론을 증명하는 것으로부터 출발했으며 2015년 중력파의 발견과 2019년 블랙홀의 실제 모습 촬영은 위대한 성과 중 하나이다. 이로써 인류는 우주의 신비를 풀 수 있는 해답에 한 걸음 더 다가설 수 있게 되었다.

강력과 약력

우주를 움직이는 근원적인 힘에는 무엇이 있을까? 오랜 세월 과학자들은 그 힘을 찾기 위해 노력해왔다. 중력은 우주를 지배하는 중요한 힘 중 하나로 뉴턴이 정의하고 아인슈타인이 구체화했다.

19세기 초반, 외르스테드와 맥스웰에 의해 전기와 자기의 힘은 하나로 통합되어 전자기력이 되었다. 20세기 양자역학이 본격적으로 시작되기 전까지 우주를 움직이는 힘은 중력과 전자기력으로 충분한 듯 보였다. 하지만 양자의 세계에서는 중력과 전자기력으로 설명할 수 없는 일들이 너무나 많이 발생하고 있었다. 원자핵 안에

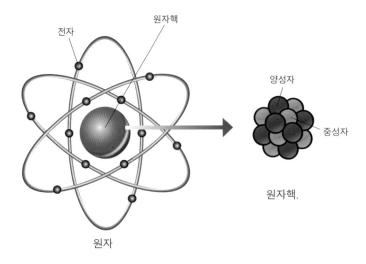

전자 　　원자핵

양성자

중성자

원자핵.

원자

존재하는 양성자는 전기적으로 같은 극임에도 불구하고 왜 흩어지지 않는지에 대해 물리학자들은 의문점을 품었다.

　양성자들이 서로 밀어내지 않고 강력하게 붙어 있을 수 있게 만드는 그 힘! 그 힘에 대한 단서를 제공한 사람은 일본 물리학자 유카와 히데키였다. 그는 원자핵 안에 존재하는 파이 중간자가 양성자를 흩어지지 않도록 강력하게 응집시키고 있을 거라고 추측했다.

　1947년 히데키의 이론은 3000미터에서 행해진 실험으로 증명되었고 우주를 움직이는 세 번째 힘인 강력이 발견되었다. 강력의 발견 이후 과학자들은 강력과 반대로 방사성 원자핵의 붕괴 현상을 설명할 수 있는 힘에 대해서도 매우 궁금해했다.

　원자핵을 붕괴하게 만드는 힘! 그 힘에 대한 단서는 유럽입자물리연구소의 카를로 루비아가 최초로 제공했다.

　이후 루비아의 연구팀은 1983년 약력을 발견하게 된다. 강력과 양력의 발견은 21세기 물리학의 양대산맥 중 하나인 양자역학의 토대를 세웠다. 중력과 전자기력이 거대한 우주를 설명하는 힘이라면 강력과 약력은 미시의 세계를 설명하는 힘이다.

강력과 약력의 발견은 물리학자들에게 하나의 숙제를 끝내게 만들어주었다. 하지만 중력, 전자기력, 강력, 약력을 하나로 통합하여 설명할 수 있는 통일장 이론에 대한 새로운 숙제를 남겨주었다.

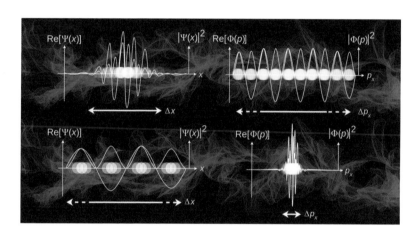

양자역학의
파동함수들.

스위스에 위치
해 있는 유럽
입자물리연구
소의 목조 돔
（CERN）.

45 원자

　　　　　자신의 전공이 아닌 분야에 열정만으로 뛰어든다는 것은 매우 어려운 일이다. 200여 년 전 화학에 대한 교육이 전무했지만 열정과 자신에 대한 믿음만으로 연구를 시작한 한 과학자가 있었다. 그의 이름은 존 돌턴이다.

돌턴은 각 원소들이 어떻게 합쳐져 화합물이 되는가에 대한 이론을 세우기 위해 실험에 열중하고 있었다. 1년간 연구를 지속한 돌턴은 마침내 원소들이 일정한 비율로 결합이 되며 더 이상 쪼갤 수 없는 더 작은 물질로 구성되어 있다는 가설을 세운다. 그리고 더 작은 물질을 원자라고

돌턴.

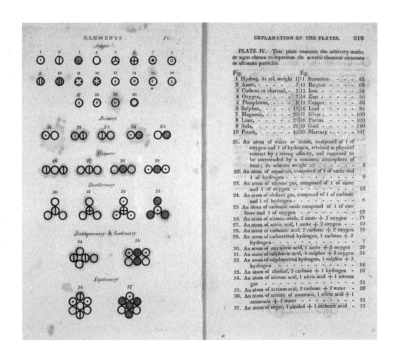

원자론을 담은 돌턴의 저서 중 일부.

이름 붙였다.

　20세기 들어서 전자현미경이 발명되기까지 과학자들은 원자를 직접 목격할 수 없었다. 그런 이유로 돌턴의 원자론은 처음부터 쉽게 인정받지는 못했다. 찬성하는 학자와 격렬히 반대하는 학자의 논란도 잇따랐다. 하지만 많은 화학자와 물리학자들의 실험과 연구를 통해 원자는 증명되었고 널리 퍼지게 되었다.

　돌턴의 원자론은 원자 간의 관계, 원소, 분자 등을 이해하는데 매우 큰 도움을 주었다. 돌턴 이후 화학과 물리학은 판도가 바뀌게 되었다. 돌턴의 원자 발견은 근대 물리학과 화학의 토대를 세웠으며 그 토대 위에 현대의 물리학과 화학이 발전할 수 있었다.

풀러렌은 60개의 탄소 원자로 이루어진 탄소의 동소체로, 안정적인 구조를 이루고 있어 높은 온도와 큰 압력에 잘 견디며 버키볼이라고도 부른다.

1808년 돌턴은 저서《과학 철학의 새로운 체계The New System of Chemical Philosophy》에서 돌턴의 원자론을 제안했다.

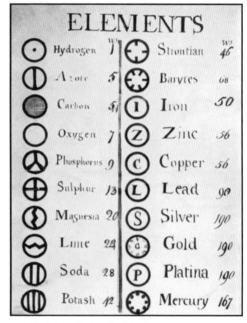

돌턴이 제안한 원자량과 기호들.

分자

같은 압력과 온도일 때, 같은 부피 안의 모든 기체는 같은 수
의 분자가 존재한다라는 유명한 화학 법칙이 있다. 이 유명한 법칙을 세운 사
람은 이탈리아 토리노의 물리학 교수 아마데오 아보
가드로이다.

그는 1811년 분자의 개념을 발견했다. 이 시
기 아보가드로는 영국의 화학자 존 돌턴과 프
랑스의 화학자 게이뤼삭의 연구결과를 깊이
살펴보고 있었다.

수소 기체 2ℓ와 산소 기체 1ℓ가 만나 수증기 2ℓ
가 만들어진다는 돌턴과 게이뤼삭의 연구논문에

아마데오 아보가드로.

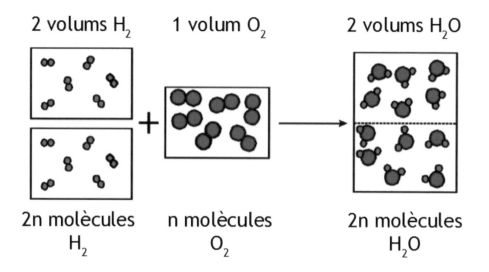

2 volums H₂ → **2 volums H₂**

1 volum O₂ → **1 volum O₂**

2 volums H₂O → **2 volums H₂O**

아보가드로가 연구했던 분자론 내용 중 일부.

강한 의구심을 품고 있던 아보가드로는 수소와 산소 기체의 만남에 있어 각각의 원자들이 만나 수증기가 된다는 생각을 달리했다.

  돌턴의 원자론에 따르면 원자는 더 이상 쪼개질 수 없다고 했다. 그런데 수소 기체 2리터와 합쳐지는 산소 기체 1리터 안에 원자들은 둘로 나뉘어야 2리터의 수증기가 생성될 수 있는 것이다.

  이러한 의문점을 풀기 위해 연구를 거듭하던 아보가드로에게 엄청난 아이디어가 떠올랐다. 그것은 원자가 각각 만나는 것이 아닌 원자들의 배열이 바뀌어 원자들의 집단을 만드는 개념이었다. 그래야 산소 원자가 쪼개지지 않고도 수증기 2리터가 되는 현상이 맞아떨어질 수 있기 때문이다. 그리고 그 원자들의 집단을 분자라고 이름 붙였다.

  아보가드로의 분자 발견은 수많은 물질들과 원소 간의 관계를 정립해 주었다. 또한 화합물을 만드는데 보다 체계적인 방법을 사용할 수 있게 해 주었다. 이러한 체계는 물질 구성에 있어 양적 관계를 분명하게 하는 정량분석법을 발전시켰으며 유기화학과 무기화학 발전의 기반이 되었다.

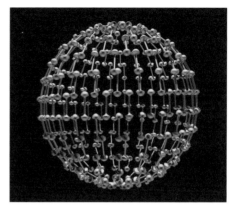

분자 모형.

유기화학과 무기화학의 차이는 무엇일까.

47 동위원소

1904년 영국 글래스고 대학에서 물리화학 강의를 하던 프레더릭 소디는 새로운 분야인 방사능에 매우 큰 흥미를 느끼고 있었다. 소디가 연구하던 대상은 방사능 원소에서 방출되는 알파, 베타, 감마라는 이름의 소립자들이었다.

소디는 어떤 원자에서 알파입자가 방출되면 두 개의 양전하를 잃어버리고 베타입자를 방출하면 양전하 하나를 얻는 것과 같다는 것을 발견했다. 이러한 현상을 알파붕괴와 베타붕괴라고 한다. 소디는 알파붕괴와 베타붕괴의 과정을 통해 방출된 입자들이 원자의 질량을 변화시킨다고 생

프레더릭 소디.

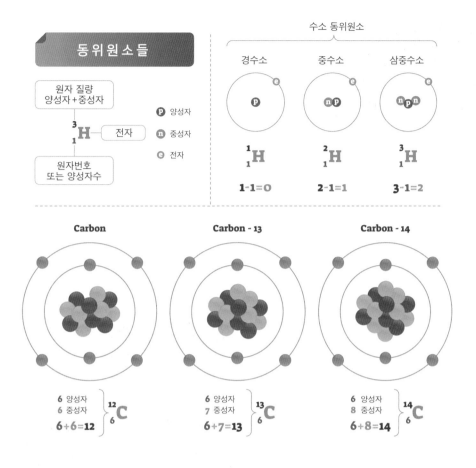

동위원소들

수소 동위원소

원자 질량
양성자+중성자

$^3_1$H   전자

원자번호
또는 양성자수

p 양성자
n 중성자
e 전자

경수소   중수소   삼중수소

$^1_1$H $^2_1$H $^3_1$H

1-1=0   2-1=1   3-1=2

Carbon   Carbon - 13   Carbon - 14

6 양성자
6 중성자
$^{12}_6$C
6+6=12

6 양성자
7 중성자
$^{13}_6$C
6+7=13

6 양성자
8 중성자
$^{14}_6$C
6+8=14

각했지만 사실 질량만 변할 뿐 원소의 성질은 변하지 않았다. 이를 발견한 소디는 이렇게 질량만 다르고 원소의 성질이 같은 원소를 동위원소라고 이름 붙였다.

소디가 제안한 동위원소는 1932년 제임스 채드윅의 중성자 발견으로 완벽해질 수 있었다. 소디는 원자핵 안에 중성자의 개념을 몰랐기 때문에 양성자와 전자만으로 설명하고자 했다, 하지만 채드윅은 전기적으로 중성이면서도 양성자와 비슷한 중성자의 존재를 발견함으로써 동위원소는 원자핵 안의 중

원자폭탄.

성자를 잃거나 얻는 과정을 통해 만들어진다고 설명했다. 또한 중성자의 잃고 얻음을 통해 원자의 질량이 변하는 것이라고 생각했다. 그래서 양성자의 수는 변하지 않고 중성자의 잃고 얻음을 통해 질량만 변하는 것이 동위원소라는 개념을 완전히 확립하게 되었다.

동위원소의 발견은 물리학과 화학에 있어 완전히 새로운 분야를 개척했다. 원자력, 탄소연대측정, 방사능 지질연대측정 등의 에너지 개발과 지질학과 지구과학에도 큰 도움을 주었다.

그러나 안타깝게도 동위원소의 발견이 가장 큰 영향력을 미친 분야는 원자폭탄이다. 동위원소의 발견이 많은 물리학자들의 연구에 해답을 주고 다양한 분야에 긍정적인 영향도 주었으나 원자폭탄 개발의 토대가 되었다는 것은 매우 우울한 과학의 그늘이다.

원자폭탄이 투하되면 버섯 모양의 구름이 나타난다.

2011년 일본 후쿠시마 원자력발전소 사고가 발생한 이후 방사능 유출로 인한 공포는 지금까지 계속되고 있다. 현대인들에게 전염병만큼이나 두려움의 대상이 되고 있는 방사능! 그 단어를 최초로 만든 사람은 폴란드 출신 프랑스 화학자 마리 퀴리다.

퀴리는 1896년 새로운 분야의 연구를 결심한다. 그녀의 스승인 앙리 베크렐이 발견한 우라늄의 에너지 방출 현상에 매우 큰 관심이 생겼기 때문이다.

그렇게 시작된 퀴리의 연구는 1898년 역청우라늄석에서 방출되는 방사능 물질에 집중된다. 연구가 거듭될수록 역청

역청우라늄.

마리 퀴리와 피에르 퀴리의 실험실 모습.

마리 퀴리의 노벨 물리학상 수상.

우라늄석이 생각 이상으로 엄청난 양의 방사능을 방출한다는 것에 흥미를 느낀 퀴리는 무엇인가 다른 물질이 존재할 것이라고 생각하고 순수한 방사능 물질을 찾기 위해 끊임없는 실험을 이어간다. 결국 퀴리는 새로운 방사성 원소인 폴로늄과 라듐을 발견할 수 있었다.

이 두 물질을 발견한 공로를 인정받아 여성과학자로서는 최초로 두 번에 걸친 노벨상을 받았지만 결국 퀴리는 방사능 노출에 의한 백혈병으로 세상을 떠났다.

그녀의 유품들과 논문들은 100여 년이 흐른 지금까지도 특수 보호복을 입고 만져야 할 정도로 방사능의 위험은 무섭다.

퀴리의 방사능 발견은 원자의 분열로부터 오는 방사능을 이해함으로써 원자 내부에 또 다른 무엇인가가 있을 거라는 단서를 주었다는 것에 매우 큰 의미가 있다. 오늘날 소립자 연구는 마리 퀴리로부터 시작되었다고 해도 과언이 아닐 것이다.

아인슈타인이 일반상대성이론으로 새로운 거시 세계의 문을 열었다면 마리 퀴리는 전혀 쪼개질 것 같지 않았던 원자 안의 미시 세계로 가는 새로운 문을 연 것이다.

소립자의 연구는 이후 양자역학과 핵에너지 연구 등의 분야에 토대가 되어 현대물리학의 발전에 초석이 되었다.

원자력 발전소는 발전기를 빠르게 식혀 주어야 하기 때문에 냉각수로 해수를 이용하는 곳이 많 아해안가 근처에 건설된다.

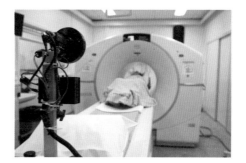

방사선의 발견은 환자 치료에도 활발하게 이용되고 있다.

우리가 핵발전으로 얻게 되는 혜택 때문에 반감기가 몇 만 년이나 되는 핵폐기물로 인한 위험을 미래 세가 감수해야 할지는 인류의 큰 숙제이다.

49 보일의 법칙

1662년 영국, 과학
회 회원들은 그들의 공식 모임을 위
해 한자리에 모였다. 그날의 주제는
프랑스 과학자들의 공기 압축 실험
에 관한 것이었다. 이 모임에 참석하
고 있었던 로버트 보일은 프랑스 과
학자들의 공기 압축 실험에 대해서
맹렬히 비판을 쏟아 내고 있었다. 그
는 직접 만든 U자형 유리관 안에 수
은을 이용하여 공기 압축 실험을 선

로버트 보일.

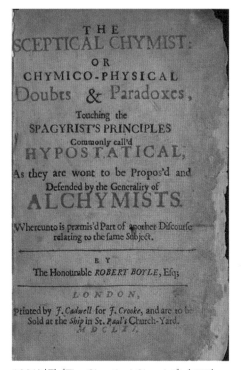

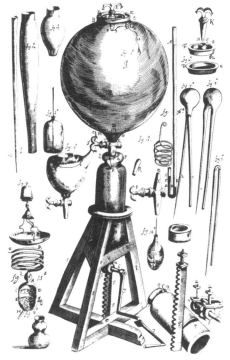

1661년판 《The Skeptical Chymist》속표지.　　보일의 공기펌프 이미지.

보였다.

이 실험을 통해 보일은 온도가 일정할 때 기체의 부피는 압력에 반비례한다는 이론을 증명해 보였다. 바로 그 유명한 보일의 법칙이 탄생한 순간이었다.

보일의 법칙은 단순한 이론만을 넘어서 화학 이론을 최초로 수학 공식화하여 정량화했다는 것에 의미가 깊다. 보일은 매우 뛰어난 화학자였으며 그가 이룬 업적은 아주 독보적이었다.

보일의 법칙은 화학이라는 분야를 의학의 수단이나 고대 연금술과 같은 낡은 가치에서 벗어나 독립적인 학문으로 만드는 중요한 계기가 되었다. 과학자들에게 원자의 존재에 대한 믿음을 갖게 했고 화합물은 원자들의 모임이라는 주장을 통해 화합물에 대한 정의를 내리기도 했다.

보일은 실험을 통한 증명을 아주 좋아했던 실험가였다. 그의 실험들은 기체도 고체와 마찬가지로 원자로 이루어져 있음을 증명했다.

화학수업을 시작하는 학생들에게 보일의 법칙은 가장 기초적인 이론이며 매우 중요하게 다루어진다. 그만큼 화학분석에서는 기본이 되는 법칙이다. 보일의 법칙은 연금술의 시대를 끝내고 근대화학으로 향하는 문을 열었다.

호르몬 50

많은 연구자들에게 있어 새로운 발견은 매우 흥분되고 영광스러운 일이다. 하지만 자신의 발견이 얼마나 가치 있는 것인가를 알지 못한다면 그 영광은 지나쳐 가게 될지도 모른다.

우리 몸에 분비되는 호르몬은 수많은 학자들이 발견했지만 정작 그 가치를 알아본 사람은 1902년 영국의 생리학자인 윌리엄 베일리스와

어니스트 스탈링.

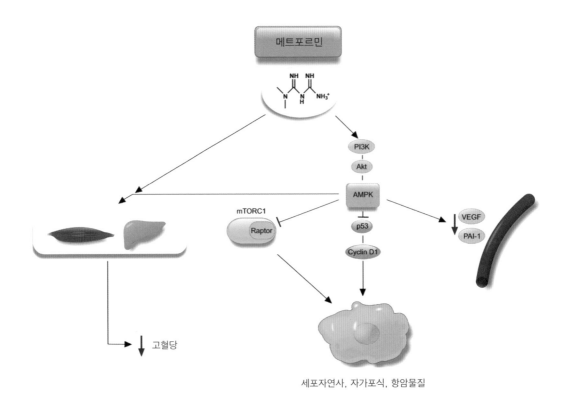

 위 이미지 내부 라벨: 메트포르민 / PI3K / Akt / AMPK / mTORC1 / Raptor / p53 / Cyclin D1 / VEGF / PAI-1 / NH / NH / NH₃⁺

고혈당

세포자연사, 자가포식, 항암물질

체내의 인슐린(췌장의 베타세포에서 만들어지는 호르몬) 민감성을 개선시키는 당뇨병 치료제인 메트포르민의 작용 과정.

어니스트 스탈링이었다. 이 둘은 같은 대학에서 소화액에 대한 공동 연구를 하고 있었다.

그들은 음식물이 위에서 십이지장으로 넘어갈 때 분비되는 췌장의 소화액이 어떻게 신호를 전달받는지에 대해 몹시 궁금했다. 이 당시까지만 해도 췌장의 소화액은 뇌에서 전달받은 전기 신호에 의해 움직인다고 생각했다. 하지만 베일리스와 스탈링의 연구는 새로운 사실을 말해주고 있었다. 그것은 뇌가 아닌 십이지장에서 일어났다. 십이지장에서 분비되는 어떤 물질이 혈액을 타고 췌장에 신호를 보내주는 것이었다. 그들은 이것을 세크레틴이라고 명명했다.

세크레틴은 전기적 신호에 의한 신경 전달 물질이 아니었다. 그것은 우리 몸에서 분비되는 화학 전달 물질이라는 것에 매우 큰 의미가 있었다. 이 전에도 많은 학자들이 화학 전달 물질을 발견했었으나 그것이 의미하는 중요성을 잘 알지 못했다.

1905년 스탈링은 이 체내 화학 전달 물질들이 더 있을 것이라고 생각했고 이 물질들을 모두 호르몬이라고 이름 붙였다. 호르몬은 우리 몸 안에 신경 전달 물질 이외에 새로운 전달물질이 있다는 것을 알게 해준 인체의 대발견이 되었다. 이로써 내분비학이 시작되었으며 생리학이 발전할 수 있었다. 이후 30여 가지의 새로운 호르몬이 발견되었다.

오늘날 호르몬은 외부에서 흡수할 수 있는 치료약으로 판매되기 시작하면서 사람들의 건강증진에 큰 도움을 주었으며 상업적으로도 엄청난 성공을 거두게 되었다.

51 유전학

1865년 멘델이 유전법칙을 발견한 이래로 유전학은 작은 걸음이지만 쉬지 않고 전진해 오고 있었다.

1910년 모건의 초파리 연구는 유전자가 염색체 상에 존재한다는 것을 발견하여 유전학의 발판을 마련했다. 이후 35년 동안 유전학은 큰 이슈가 없이 지나는 듯했다. 하지만 1941년 미국 스탠퍼드 대학의 유전학 교수인 조지 비들과 미생물학자인 에드워드 테이텀은 염색체상에 있는 유전자가 어떻게 세포에게 명령을 내려 활동하도록 하는지에 대한 해답을 구했다. 그것은 붉은빵 곰팡이를 이용

에드워드 테이텀.

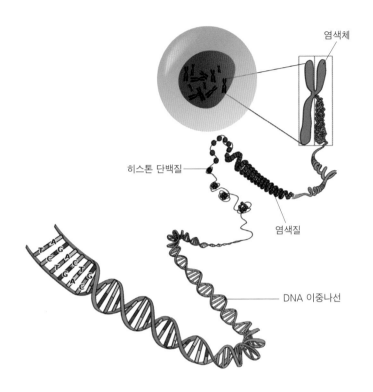

염색체

히스톤 단백질

염색질

DNA 이중나선

한 실험으로 매우 지루하고 인내심이 요구되는 연구였다.

비들과 테이텀은 연구와 실험을 통해 유전자가 효소를 만들어내고 그 효소를 이용하여 세포를 통제하는 것을 발견하게 된다.

비들과 테이텀의 발견으로 유전학은 새로운 전환점을 맞이하게 되었다. 유전자의 기능이 밝혀지면서 유전학은 돌연변이 연구에서 유전자의 효소생산 방법과 유전자의 화학적 분석에 초점을 맞추는 방향으로 관심이 옮겨 가기 시작했다. DNA의 조각 유전자를 연구하는 유전학은 멘델에서 시작해 모건을 거쳐 비들과 테이텀의 연구를 거치며 다시 한 번 큰 도약을 하게 된 것이다.

52 전위유전자

위대한 발견은 매우 환상적이고 멋진 일이다. 하지만 많은 사람들의 박수갈채 속에서 영광을 누렸던 발견이 있는가 하면 무시당하고 인정받지 못했던 발견도 적지 않았다.

사람들의 무지와 고정된 관념으로 뛰어난 연구 성과를 인정받지 못했던 한 여성 유전학자가 있었다. 그녀의 이름은 바버라 매클린턱으로 남성 위주의 유전학 분야에서 독보적인 성과를 올린 여성 과학자였다.

메클린톡은 1942년 미국 콜드스프

바버라 매클린턱.

링의 하버 연구소에서 옥수수 유전을 연구하고 있었다. 옥수수 낱알의 색이 변하는 것을 결정짓는 유전적 메커니즘에 관심이 많았던 그녀는 연구실 주변 옥수수 밭에서 홀로 연구하다가 1950년 전위유전자를 발견하게 되었다.

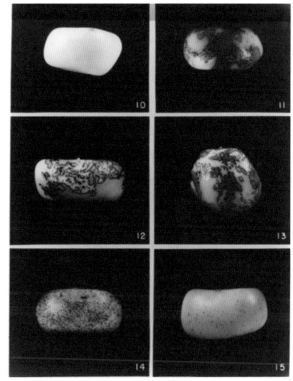
매클린턱의 옥수수 유전 연구 자료.

그 당시까지만 해도 유전자는 염색체상에 고정되어 있다고 생각했다. 하지만 메클린톡은 유전자가 염색체상에 고정돼 있는 것이 아니며 자리를 건너뛰거나 같은 유전자를 가진 옥수수더라도 개체마다 유전자의 위치는 다르다는 것을 발견하게 되었다. 일부 유전자는 다른 유전자를 어느 위치에 가야 하는지를 지시하고 지시를 받는 유전자를 통제한다는 사실도 알게 되었다.

메클린톡의 발견은 기존의 유전학을 근본부터 뒤집어 놓을 만한 성과였다. 하지만 1950년대 수많은 유전학자들은 그녀의 발견에 매우 냉소적이었으며 믿으려 하지 않았다.

이와 같은 분위기에도 묵묵히 옥수수 연구에 전념하던 그녀의 발견이 인정받게 된 것은 25년이 흐른 뒤였다. 그리고 1983년 노벨 생리의학상을 받게 되었다.

매클린턱의 옥수수 유전 연구 이미지.

메클린톡의 발견은 유전학과 생물학에 새로운 기초를 만들었을 뿐만 아니라 유전자의 기능에 대한 기존의 생각을 완전히 바꿔놓았다. 이로 인해 유전학은 새로운 돌파구를 마련하게 되었으며 결국 그녀의 발견은 유전학 분야에서 가장 위대한 2가지 발견 중 하나로 인정받고 있다.

인간 게놈

1865년 멘델로부터 시작된 유전학은 138년의 비교적 짧은 기간 동안 인간 유전자 정보가 담긴 인간 게놈을 완성시켰다. 인류가 성취한 최고의 성과 중 하나이자 유전학이 가져온 쾌거이다.

인간 게놈 연구를 이끌었던 대표적인 학자들로 제임스 왓슨과 프랜시스 콜린스, 크레이그 벤터가 있다. 하지만 이 위대한 여정에 참여한 학자들은 무수

제임스 왓슨.

프랜시스 콜린스.

히 많다.

인간 게놈 연구는 30억 쌍의 인간 염색체상의 염기서열을 풀어내는 방대한 작업이었다. 또한 엄청난 시간과 인내심이 필요한 매우 지루한 작업이었다. 이 작업은 미국만의 일이 아니었으며 전 인류가 힘을 합해야 할 공동과제였다.

1990년에 시작된 인간 게놈 프로젝트는 미국이 주축이었다. 하지만 모든 연구는 독일, 프랑스, 영국, 중국 등을 포함한 여러 나라와 함께 국제 컨소시엄으로 진행되었다. 워낙 큰 프로젝트였기 때문에 연구방법에 있어서 학자들 간의 이견과 마찰도 생기기 시작했다.

제임스 왓슨이 인간 게놈의 특허 문제로 책임자에서 물러나자 프랜시스 콜린스가 뒤를 이었다. 연구방법에 이견이 좁혀지지 않았던 크레이그 벤터는 새롭게 설립한 상업적 회사 셀레라사에서 다른 각도의 연구에 돌입하게 되었다. 이런 이유로 경쟁구도가 만들어진 인간 게놈 프로젝트는 예정한 15년보다 2년 빠른 2003년에 완성되게 되었다.

두 기관은 지금도 인간 게놈 연구에서 보완적 상대이자 협력관계를 유지하고 있다.

인간 게놈의 발견은 의학의 새로운 시대를 열어주었다. 불치병과 유전병 치료에 새로운 돌파구를 가져다주었다. 인간 게놈을 이용한 개인의 유전자지도를 통해 자신의 유전적 형

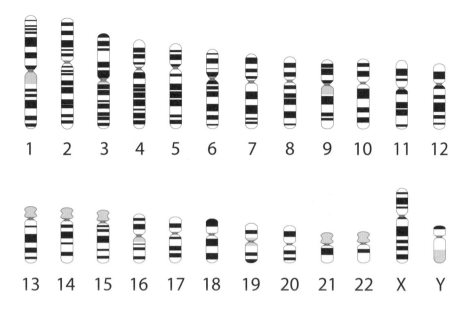

인간 염색체.

질과 질병 유무를 알아볼 수 있게 됨으로써 예방치료의 토대를 마련하였다. 또한 유전자 지도를 이용한 신개념의 치료제와 치료방법을 제시함으로써 질병치료에 새로운 희망을 주고 있다.

생물학 분야에서는 인간 게놈을 통해 생명에 대한 본질적인 연구가 가능하게 되었다. 인간은 어떻게 탄생되었으며 지구상의 다른 생명들과 어떻게 연결되었는가를 밝혀 낼 수 있는 단서를 제공해 주었다.

인간 게놈의 완성은 생명의 비밀을 찾아가는 여정에 있어 훌륭한 네비게이션이 되고 있다.

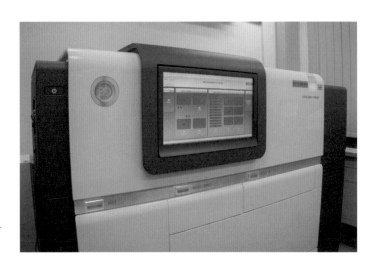

DNA 염기서열 정보를
해독하는 게놈시퀀싱.

신경전달물질 54

　　　모든 위대한 발견의 시작이 철저한 논리와 과학에 근거했던 것은 아니다. 정말 우연이었던 발견, 실수에 의한 발견, 원하지 않았던 발견, 위대한 발견인 줄 몰랐던 발견! 위대한 발견의 역사는 지극히 평범하고 엉뚱한 사건으로부터 출발하는 경우가 적지 않다. 여기 또 하나의 비과학적으로 들릴 만한 흥미로운 발견이 있다.

　　독일의 해부학자 발다이어 하르츠는 신경세포 뉴런을 발견했다. 그리고 이탈리아 과학자 카밀로 골지에 의해서 뉴런은 개별적으로 존재하며 서로 닿지 않는다는 사실이 증명되었다. 이후 많

오토 레비.

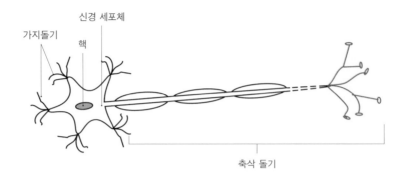

가지돌기
신경 세포체
핵
축삭 돌기

은 과학자들 사이에서는 뉴런이 어떤 방법으로 신호전달을 하는지에 대한 논쟁이 뜨거웠다. 이 논쟁을 끝낸 사람은 1921년 신경전달물질 아세틸콜린을 발견한 오토 뢰비였다. 그는 뉴런 사이에 화학적 신경전달물질이 있다는 것을 두 마리의 개구리 심장 실험으로 증명했다.

그런데 흥미롭게도 뢰비는 이 실험에 대한 결정적 힌트를 꿈에서 받았다. 부활주일 전날 밤 마치 계시처럼 말이다. 첫 번째 계시를 놓친 뢰비는 계속해서 두 번이나 같은 꿈을 꾸고는 바로 실험실로 달려가 뉴런 간 전달물질은 전기신호가 아닌 화학물질이라는 것을 밝혀냈다.

이후 밝혀진 모든 화학 전달물질들은 뢰비의 친구이자 영국의 생리학자 헨리 데일이 신경전달물질이라고 이름 붙였다.

뢰비와 헨리의 발견은 인간의

신경전달 물질이 작용하는 모습.

뇌 기능과 구조에 대해서 많은 것을 이해할 수 있는 바탕을 마련해 주었다. 그리고 뇌가 어떻게 신경전달물질을 통해 학습, 기억, 행동, 등을 하며 우리의 몸을 통제하는지에 대한 메커니즘을 알게 해주었다. 이것은 인간 연구에 있어 가장 핵심적인 뇌에 대한 이해의 시작이었으며 정신의학의 발전에 큰 도움을 주었다.

20세기 혁명적 발견 중 하나로 손꼽히는 신경전달물질은 인류에게 보이지 않는 마음의 영역에까지도 과학적 접근을 가능하게 한 위대한 발견이 되었다.

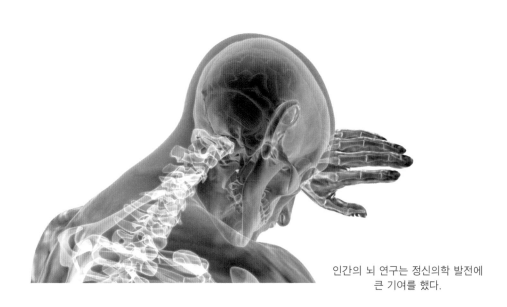

인간의 뇌 연구는 정신의학 발전에
큰 기여를 했다.

55 물질대사

우리는 매일 음식을 섭취하고 일을 하며 활동한다. 그리고 우리 몸의 근육들은 활동을 위한 에너지를 끊임없이 만들어낸다. 그렇다면 근육은 어떻게 에너지를 만들어 낼 수 있는가?

어떠한 경로를 통해 섭취한 음식이 에너지로 변환되는지에 대해서는 수많은 학자들의 연구가 있었지만 명쾌한 답을 준 사람은 없었다.

독일 출생의 영국 생리학자 한스 아돌프 크레브스도 같은 궁금증이 있었다. 이러한 궁금증에서 시작된 크레브스의 연구는 1938년 세포 안에서 당분을 에너지로 변화시키는 화학반응의 7가

한스 아돌프 크레브스.

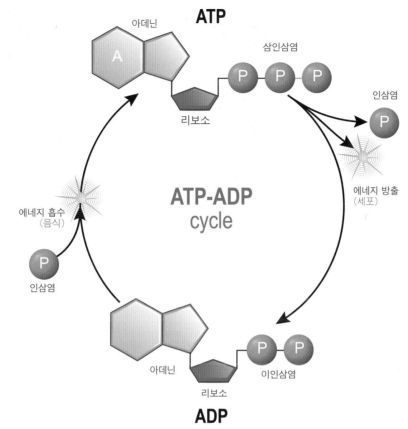

ATP

아데닌

A

삼인산염

P   P   P

인산염

P

리보소

ATP-ADP
cycle

에너지 방출
(세포)

에네지 흡수
(음식)

P

인산염

아데닌

P   P

이인산염

리보소

ADP

ATP-ADP 교환반응.

지 단계를 밝혀냄으로써 모두 풀리게 된다.

이 화학반응은 구연산의 분해로부터 시작되어 구연산의 합성으로 끝나는 거대한 싸이클이었다. 이 과정 중에 우리 몸은 포도당을 흡수하고 이산화탄소와 물 그리고 에너지 저장 화학물질인 ATP를 만들어내는 것이다. 이 메커니즘은 우리 몸이 에너지를 만들어내는 물질대사의 과정이다.

크레브스의 발견은 우리 몸이 어떻게 음식을 흡수하여 에너지로 변화시키

는가에 대한 매우 구체적
인 과정을 알려주었다.

크레브스의 연구로 밝
혀진 물질대사의 과정은
우리 몸에서 분비되는 화
학물질에 대한 이해와 의
학적 발전을 가져왔다.

인간의 신체는 음식을 먹으면 흡수하여 에너지로 변화시킨다.

쿼크 56

오랜 세월, 인류는 물질을 이루고 있는 본질에 대하여 탐구해 왔다. 물리학자들은 전자, 원자, 분자를 발견하였으며 원자핵 안의 양성자, 중성자를 이해함으로써 양자역학이라는 미시의 세계로 탐구를 시작하게 되었다. 하지만 물리학자들의 호기심은 양성자와 중성자 이하의 더 작은 세계로 끊임없이 향하고 있었다.

1930년대 중반에 발명된 입자가속기는 물리학자들의 이런 호기심을 충족시켜 줄만한 훌륭한 도구였다. 많은 물리학자들은 입자가속기를 통해 양성자와 중성자를 충돌시키며 더 작은 소

도널드 글레이저.

립자를 찾기 위해 노력을 거듭하고 있었다.

1950년대 미국의 물리학자 도널드 글레이저는 거품상자를 발명했다. 거품상자는 소립자들의 경로를 알 수 있는 뛰어난 장치였다. 거품상자를 통해 소립자의 크기, 전하량, 속도와 이동 방향 등을 알 수 있었다. 이러

1969년 만들어진 거품상자.

한 기술의 발전과 더불어 수많은 학자들의 노력으로 소립자 연구는 더 활기를 띠게 되었다.

결국 1962년 미국의 천재 물리학자 머리 겔만은 거품상자 연구를 통해 양성자와 중성자를 구성하는 소립자를 발견하게 되었다. 그리고 그 소립자의 이름을 쿼크라고 명명했다.

물질의 본질을 찾기 위한 물리학자들의 발걸음은 지금 이 순간에도 멈추지 않고 있다. 쿼크의 발견은 그러한 발걸음을 한 번 더 내딛게 해주었으며 양자역학이 도약할 수 있는 발판을 마련해주었다. 또한 소립자에 대한 이해의 폭을 더욱 넓혀주었다.

소립자 세계에 대한 이해는 원자력, 핵분열, 핵융합, 방사선, 양자컴퓨터 등 첨단 과학 기술과 에너지 연구의 토대가 되고 있다.

GSI 입자가속기.

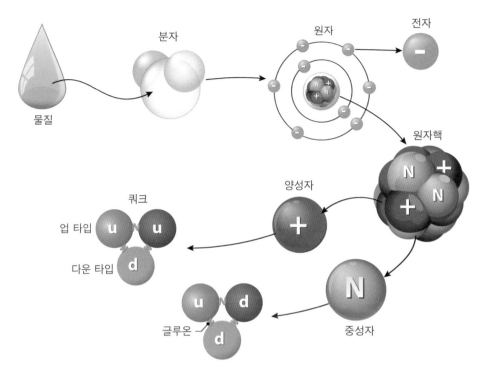

분자   원자   전자

물질

원자핵

퀴크

양성자

업 타입

다운 타입

글루온

중성자

분자에서 퀴크까지.

57 디지털 정보 이론

우리는 매일 스마트폰을 이용해 sns를 하고 음악을 다운로드 하며 상품을 주문한다. 이 모든 것이 어떻게 가능할 수 있었던 것일까?

이 작은 스마트폰 하나로 소리, 문자, 이미지 형태를 가진 엄청난 양의 정보를 매우 빠르고 정확하게 전달받고 전달하는 메커니즘은 기적과도 같은 일이다. 이제 우리는 너무나 당연해져 버린 디지털 정보의 시대에 살고 있다. 하지만 디지털의 역사는 그리 오래된 이야기가 아니다. 이 모든 일은 디지털의 아버지라 불리는 미국의 응용 수학자이자 컴퓨터 과학자 클

스마트폰.

로드 섀넌의 공로이다.

수학자이자 암호학을 연구하던 섀넌은 처음으로 0과 1의 이진법을 이용한 정보전달체계를 구축했다. 이것은 우리가 흔히 알고 있는 비트라는 것이다. 비트를 통해 정보를 전달하는 방법은 컴퓨터 네트워크와 텔레비전, 전화 등 정보통신의 발달과 디

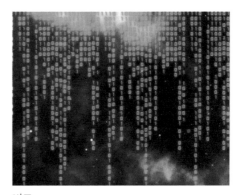
비트.

지털시대를 여는 초석이 되었다. 또한 방대한 유전자 분석과 같은 대량의 정보를 분석하는 일에도 큰 기반이 되었다.

섀넌의 발견으로 과학자들은 아날로그 신호를 디지털 신호로 변환하기 시

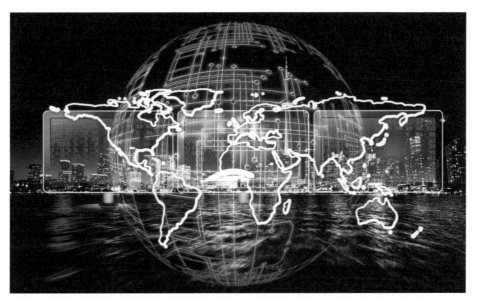
세계는 인터넷 세상으로 묶이면서 어마어마한 정보가 순식간에 모이고 빠르게 처리되고 있다.

작했다. 디지털 신호는 0과 1만을 인식할 수 있는 전기회로를 통해 구현되었다.

디지털 정보는 간단해 보이지만 그 위력은 대단했다. 방대한 양의 정보가 엄청난 속도로 처리되고 전달될 수 있었다. 광속의 디지털 정보는 디지털 혁명을 일으켰다. 디지털 혁명은 정보화시대를 열었고 인류의 삶을 혁신적으로 바꾸어 놓았을 뿐만 아니라 4차 산업혁명의 시대를 열었다. 오늘날 우리가 맞이하는 5G의 세상은 1948년 클로드 섀넌으로부터 시작된 것이다.

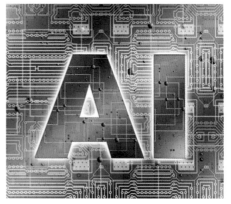

5G시대, 정보화 시대가 본격 시작되는 제4차혁명의 시대는 지금까지 우리가 겪은 과학의 시대를 크게 뛰어넘을 것으로 예상하고 있다.

바이러스 58

병을 일으키는 병원체의 종류는 매우 다양하다. 상당수의 사람들은 병원체인 세균과 바이러스를 잘 구분하지 못한다. 바이러스는 세균보다 엄청나게 작고 간단한 생명체이다. 세균학의 아버지였던 파스퇴르조차도 광견병을 일으키는 병원체를 찾을 수 없어 매우 난감해 했다. 광견병의 병원체는 세균이 아닌 바이러스였기 때문이다.

19세기 후반까지도 사람들은 세균보다 더 작은 바이러스에 대한 그 어떤 지식이나 관심을 가지고 있지 않았다. 단지 원인 모를 세균일 거라고 추측할 뿐이었다.

이 의문의 병원체가 세균과는 다르다는 것을 눈치챈 최초의 학자는 1898년 네덜란드 식물학자 마르티뉘스 베이제린크였다. 그는 러시아의 식물학자인 드미트리 이바노프 스키가 포기했던 담배모자이크병의 병원체를 찾으려 노력했다.

담배.

　그러나 이바노프스키와 마찬가지로 베이제린크도 병원체를 찾아 낼 수 없었다. 하지만 베이제린크는 이바노프스키와는 다른 관점을 가지게 되었다. 단지 우리가 알 수 없을 뿐 담배모자이크병의 병원체는 분명 세균보다 더 작은 생명체일 거라고 생각했다. 그리고 그 알 수 없는 생명체를 독이라는 의미의 바이러스라고 명명했다.

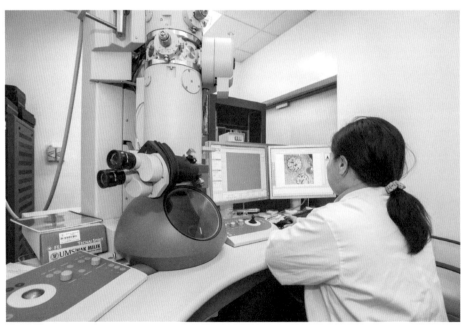

전자현미경은 우리가 볼 수 없던 미시의 세계를 열어주었다.

하지만 과학계는 바이러스에 크게 주목하지 않았다. 단지 모든 것이 추측에 불과하다고 생각했다.

많은 학자들이 바이러스의 실체를 알게 된 것은 1939년 전자현미경이 시판되어 직접 바이러스를 목격할 수 있게 되면서부터다.

이후 바이러스는 광견병, 황열병, 구제역, 에이즈 등 치명적인 질병의 병원체로 밝혀지게 되었다. 특히, 바이러스에 의해 발병하는 질병들은 오랜 세월 의학의 발목을 잡고 있었다. 바이러스가 발견되고 그 실체가 들어남으로써 병원체에 대한 연구는 앞으로 나갈 수 있었고 세균학과 의학의 발전에 획기적인 도움을 주었다. 그 덕분에 수많은 생명을 질병으로부터 구할 수 있었고 전염병을 극복할 수 있는 발판이 마련되었다.

에이즈 바이러스.

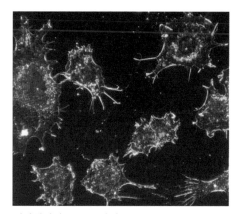

전자현미경으로 본 암세포.

59 도플러 효과

멀리서 들려오는 구급차의 긴박한 소리를 들어 본 적이 있을 것이다. 점점 다가오는 구급차의 소리는 매우 위급함을 알리며 긴장감을 준다. 하지만 시간이 흘러 멀어지는 구급차의 소리는 언제 그랬냐는 듯 고요해진다. 소리가 가까워지면 크게 들리고 멀어지면 작게 들리는 현상은 너무나 당연한 느낌이 든다.

하지만 우리에게 들려오는 구급차의 소리는 실제 소리와 많은 차이가 있다. 사실 우리는 구급차의 실제 사이렌 소리보다 더 높은 소리와 더 낮은 소리를 들으며 그것이 원래의 소리라고 착

크리스티안 도플러.

각을 하는 것이다.

파원(파장의 근원)과 관찰자 중 하나 이상이 움직이고 있을 때, 관찰자로부터
빛과 소리의 파원이 가까워질수록 파동의 주파수가 더 높아지고 파원이 멀수
록 주파수가 더 낮아지는 현상을 도플러 효과라고 한다.

도플러 효과를 발견하고 실험을 통해 증명한 사람은 오스트리아의 물리학
자 크리스티안 도플러이다. 도플러 효과는 천문학과 물리학뿐만이 아니라 과
학 전반에 걸쳐 기초적인 개념으로 쓰이고 있는 매우 영향력 있는 이론이다.
도플러 효과를 이용한 기술 중 대표적인 것으로 과속단속과 공의 속도를 재
는데 쓰이는 스피드건, 의료용 초음파, 혈류속도 측정기, 항공기 레이더 등이
있다.

무엇보다도 도플러의 발견이 빛을 발한 분야는 천문학과 물리학 분야이다.

허블은 별이 멀어지는 증거로 적색편이를 들었다. 적색편이는 빛의 파장이
길 때 나타나는 것으로 파장이 길다는 것은 낮은 주파수를 가지고 있다는 증

거이다. 도플러 효과에 의하면 낮은 주파수는 관측자로부터 멀리 있거나 멀어진다는 것을 의미한다. 허블이 우주 팽창을 증명하는데 도플러 효과의 원리가 매우 중요한 밑받침이 되었다.

이밖에도 도플러의 발견은 물리학자들이 은하의 팽창 속도와 별의 이동 방향을 측정할 수 있게 했으며 우주의 연대측정과 운동에 있어 물리학적 새로운 발견을 이끌어 내기도 했다. 또한 인류에게 우주에 대한 지평을 넓혀 주었으며 최첨단 의료, 군사 장비 등에 영향을 미쳐 인류의 삶을 한 번 더 도약시켰다.

다양한 레이더 활용 분야.

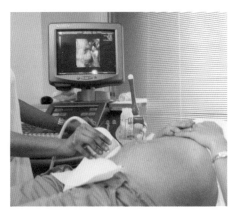

의료용 초음파.

항공기 레이더.

항공기 레이더 관제탑.

60 공생진화론

1859년 종의 기원이 출간된 이래 생물학은 다윈의 자연 선택설을 기초로 발전해 오고 있었다. 생물학의 시작이라고 해도 과언이 아닌, 다윈의 적자생존에 의한 진화적 관점은 많은 의문점 속에서도 무너지지 않는 요새와 같이 견고했다.

하지만 이 요새는 1967년 천재 소녀였던 어느 용감한 생물학자에 의해 처음으로 공격을 받게 된다. 그녀는 미국의 생물학자 린 마굴리스이다.

마굴리스는 태초 원핵세포가 진핵세포로 발전할 수 있었던 것은 세균들과 공생관계를 이루면서 결합하는 과정을 통해 이루어졌다고 생각했

린 마굴리스.

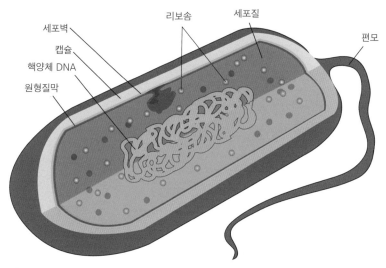

세포벽
리보솜
세포질
캡슐
편모
핵양체 DNA
원형질막

원핵세포의 구조.

다. 마굴리스는 대표적인 공생관계의 증거로 고세균과 스피로헤타균을 들었다. 또한 이 두 개체가 공생을 통해 서로 흡수되어 더 복잡한 구조의 생물로 진화해가는 과정을 아주 논리적으로 설명했다.

그녀는 이러한 진화가 균류, 식물, 동물뿐만이 아니라 인간에게도 해당된다고 생각했다. 인간의 대장 안에 사는 수십억 개의 세균들이 균형을 이루며 소화를 돕는 것도 공생진화론의 한 예가 될 수 있다.

적자생존이 아닌 공생관계를 통해 생명이 진화했다는 가설은 그 당시 매우 받아들이기 힘든 주장이었으며 생물학계를 발칵 뒤집을 만큼 놀랄만한 일이었다.

결국 마굴리스의 가설은 미토콘드리아가 인간 세포내에서 독립적인 DNA를 갖는다는 것을 발견함으로써 인정받게 되었다. 이것은 인간의 세포가 외부에서 받아들인 세포와 일종의 공생 협약을 통해 한 가족이 된 것이라는 증거였다.

　이후로도 공생진화론은 많은 학자들의 연구에 힘입어 주류이론이 되었다. 공생진화론은 진화론의 새로운 관점을 제시했다. 무엇보다도 설명하기 힘든 돌연변이에 의해 적자생존에서 살아남은 개체로부터 진화가 이루어진다는 다윈의 자연 선택설이 진로를 수정하게 만들었다. 이것은 생물학에 매우 큰 전환점이 되었으며 더 큰 발전을 이루는데 엄청난 자극이 되었다.

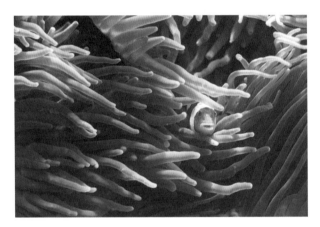

공생관계는 지금도 진행되고 있다. 우리 몸 안의 세포 또는 바이러스가 서로 다양하게 균형을 이루며 공생하듯이 자연계에서도 여러 가지 공생관계가 이루어지고 있다.

반입자 61

물리학의 양대 산맥은 양자역학과 상대성이론이다. 미시 세계와 거시 세계를 탐구하는 이 두 분야는 영원히 멀어져가는 배와 같았다. 이 두 세계를 지배하는 법칙은 너무나 달라서 절대 하나가 될 수 없을 것 같았다.

하지만 불완전해 보이던 두 세계를 하나로 연결하는 이론을 연구하던 매우 차분하고 내성적인 천재 물리학자가 있었다. 그는 영국의 이론 물리학자인 폴 디락이다.

디락은 뛰어난 수학 실력으로 새로운 방정식과

폴 디락.

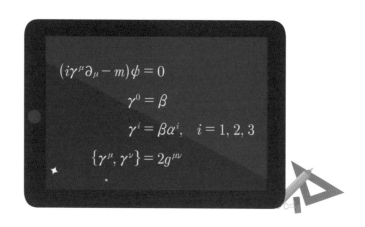

수학 모형을 만들어 이 두 세계를 연결하는 단서를 제공하는 데 큰 역할을 했다.

새로운 접근을 통해 자신의 방정식을 완성해 가던 디락은 반입자의 존재를 예견하게 된다. 반입자란 물질을 이루는 소립자들과 질량과 구성은 같으나 전기적으로 반대인 입자이다. 예를 들어 원자핵 안에 있는 양성자와 질량과 구성은 같으나 전기적으로 반대인 음의 전기를 띤 양성자가 존재해야 한다는 가설이다.

디락은 반양성자뿐만 아니라 반전자인 양전자도 예견했다. 그리고 그가 예견했던 반전자와 반양성자는 1932년과 1955년에 확인되었다. 우리의 눈에 보이는 물질세계는 우주의 절반에 불과하다는 것을 알게 된 것이다.

물질을 이루는 소립자들의 쌍둥이 입자로 모든 소립자에는 반입자가 존재한다. 또한 반입자와 대응되는 소립자가 충돌하게 되면 100% 에너지로 전환된다. 물질이 아무 저항 없이 100% 에너지로 전환되는 꿈같은 일이 이론적으로는 충분히 가능하다는 것이 증명된 것이다.

하지만 반입자와 입자가 충돌하게 되는 순간 바로 소멸하는 까닭에 반입자의 관찰은 거의 불가능하다. 반입자의 발견은 입자물리학 분야의 토대가 되었으며 양자역학과 양자전자기학의 한계를 넓혀주었다.

디락의 발견으로 과학자들은 우주의 비밀을 푸는 열쇠에 한 걸음 더 가까워졌다.

스위스에 위치한 CERN을 위에서 본 모습.

CERN의 대형 강입자 가속기.

우주의 수수께끼를 풀기 위한 인류의 노력은 계속되고 있다.

질량보존의 법칙 62

근대 화학의 아버지라 불리는 프랑스 화학자 앙투안 라부아지에는 화학의 기초를 마련한 뛰어난 과학자였다. 그는 프리스틀리가 발견한 기체에 산소라는 이름을 붙여주었으며 공기 중 산소가 차지하는 양이 20%임을 밝혀내기도 했다. 연소와 호흡에 대한 개념을 확립하였고 화합물의 명명법을 체계화시켰다.

라부아지에와 그의 실험실.

A Grande Lentille à liqueur.
B Petite Lentille pour rassembler les raions plus près.
C Centre de mouvement horisontal de toute la Machine.
D Manivelle servant à imprimer le mouvement horisontal.
E Manivelle servant à imprimer le mouvement vertical par le moien des Vis 1 et 2.
F Vis de rappel pour éloigner de la grande Loupe la petite Lentille ou la rapprocher.
G Porte object aiant le mouvement de haut en bas et de bas en haut celui d'avancer et reculer parallèlement à la plate-forme et de s'incliner au degré du Soleil et de s'avancer parallèlement aux raions.
H Chariot ou Plate-forme portant toute la Machine et les Opérateurs.
I Roues du Chariot tendantes au Centre de mouvement par leurs Axes et roulantes sur des bandes de fer incrustées circulairement sur une plate-forme de pierre.
K Escalier pour parvenir sur le Chariot, il est soutenu de deux rouleaux excentriques.

DESSEIN en Perspective d'une Grande Loupe formée par 2 Glaces de 52 po. de diam. chacune enlais à la Manufacture Royale de St. Gobin, courbées et travaillées sur une portion de Sphère de 16 pieds de diam. par Mr. de Bernière, Controlleur des Ponts et Chaussées, et ensuite opposées l'une à l'autre par la concavité. L'espace lenticulaire qu'elles laissent entre elles a été rempli d'esprit de vin il a quatre pieds de diam. et de 6 pouc. d'épaisseur au centre. Cette Loupe a été construite d'après le désir de L'ACADÉMIE Roiale des Sciences, aux frais et par les soins de Monsieur DE TRUDAINE, Honoraire de cette Académie, sous les yeux de Messieurs de Montigny, Macquer, Brisson, Cadet et Lavoisier, nommés Commissaires par l'Académie. La Monture a été construite d'après les idées de Mr. de Bernière, perfectionnée et exécutée par Mr. Charpentier, Mécanicien au Vieux Louvre.

A Monsieur De Trudaine.
Par son très humble et très obéissant Serviteur, Charpentier.

라부아지에의 실험 장면을 스케치한 모습.

그의 다양한 업적 중에서도 가장 눈에 띄는 것은 질량보존의 법칙을 발견한 것이다. 라부아지에는 플라스크에 담긴 주석을 가열하여 반응 전과 반응 후의 질량을 꼼꼼하게 잴 만큼 저울을 무척 사랑하는 최초의 화학자였다. 화학반응 과정 중에 생기는 물질의 변화보다는 측정할 수 있는 화학적 변화를 재는 것이 더 중요하다고 생각했기 때문이다.

이 과정을 통해서 라부아지에는 질량보존의 법칙을 발견하게 된다. 모든 물질은 반응 전과 반응 후 질량이 똑같다는 법칙으로 화학의 기초이론이다.

이 발견은 매우 시사하는 바가 컸다. 질량이 보존된다는 것은 물질을 구성하고 있는 기본 입자들인 원소가 사라지지 않고 배열만 바뀐다는 가설에 의미 있는 증거가 될 수 있었다.

　질량보존의 법칙은 화학반응의 실질적 원인을 밝혀 낼 수 있는 단서를 제공해 주었다. 라부아지에는 프랑스 혁명 당시 단두대의 이슬로 사라진 비운의 화학자였으나 그가 남긴 업적들은 인류가 본격적인 화학의 시대로 진입하는 데 있어 훌륭한 디딤돌이 되었다.

63 미토콘드리아

1841년, 색수차 현상을 없앤 현미경이 개발되었다. 색수차란 현미경의 성능이 향상될수록 좁은 영역의 초점이 흐려지는 기술적 문제였다. 이후 더 정교해진 현미경 기술과 더불어 1873년 이탈리아의 세포학자 카밀로 골지는 세포를 잘 보이게 하는 골지염색법을 개발한다.

이 두 영역의 기술발달은 과학자들로 하여금 세포의 세계를 더욱 면밀하게 관찰할 수 있게 해주었다.

19세기 후반, 여러 과학자들에 의해서 세포 분열과 신경세포, 세포핵 등이 현미경을 통해 관찰

카밀로 골지.

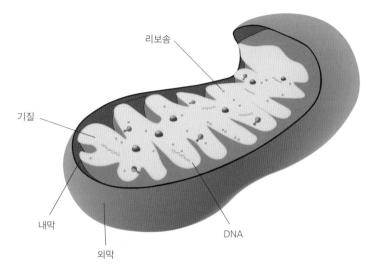

리보솜

기질

내막

외막

DNA

미토콘드리아의 구조.

되기 시작한다.

어릴 때부터 현미경 관찰에 푹 빠져 있었던 독일의 미생물학자 칼 벤더는 세포막 안에 떠 있는 무수히 많은 작은 물질들을 관찰하게 된다. 벤더는 그 작은 물질들이 세포막을 지탱해주는 연골이라 생각했고 그것을 의미하는 그리스어인 미토콘드리아라는 이름을 붙였다. 그런데 그는 자

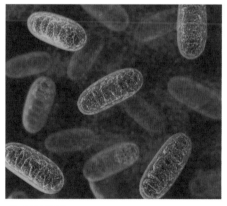

미토콘드리아.

신이 발견한 미토콘드리아의 의미가 얼마나 대단한 것인지 잘 몰랐다.

1920년대에 이르러 과학자들은 미토콘드리아가 음식물로부터 생명체의 에너지원인 ATP를 합성하는 매우 중요한 역할을 한다는 것을 발견했다.

1963년 미토콘드리아는 독립적인 고유의 DNA를 가지고 있으며 스스로 증식이 가능하다는 사실이 밝혀졌다. 이것은 미토콘드리아가 우리 몸에서 생겨난 것이 아닌 독립적으로 존재하는 미생물과 같다는 것이었다.

이 발견은 미국의 생물학자 린 마굴리스의 공생진화론을 뒷받침하는 핵심 증거가 되었다. 그로 인해 공생진화론은 생물학계의 오랜 정론이었던 자연 선택설에 이의를 제기하며 진화론의 새로운 관점을 제시했다. 이 일은 생물학계에 매우 충격적인 일이었다. 미토콘드리아의 발견은 생물학의 방향을 다시 설정하는 계기가 되었으며 인류 진화의 비밀에 한 걸음 더 다가설 수 있도록 해주었다.

항생제 **64**

천지창조만큼 오래된 질병! 매독을 표현하는 광고 포스터의 문구다. 인류와 함께하며 인간을 끊임없이 괴롭혀 왔던 공포의 질병 매독! 그 고통과 두려움을 끝낸 약물의 이름은 화합물606이다. 일명 살바르산이라고 하는 이 약물은 매독을 치료하는 최초의 화학요법제였다.

화학요법이란 다른 세포에는 영향

에를리히와 그의 연구실.

화학요법이 가능해지면서 질병치료는 획기적으로 발전했다.

을 주지 않고 원인균에만 작용하여 힘을 약화시키거나 죽이는 방법을 말한다. 화학요법을 처음으로 제안한 사람은 독일 출신 세균학자 파울 에를리히이다.

1890년대 중반, 에를리히는 그의 최고 관심사였던 미세조직 염색에서 면역체계 연구로 연구주제를 바꾸게 된다. 그는 독소와 항독소 간의 연구를 통해 인간의 체세포에는 작용하지 않고 질병의 원인균만을 찾아 없애는 특정 화학성분을 만들 수 있을 거라는 가설을 세우게 된다. 그리고 이 특정 화학성분을 마법 탄환이라고 명명했다.

마법 탄환을 찾기 위한 에를리히의 인내심 있는 연구는 25년이라는 길고 긴 시간 동안 계속되었다. 그리고 1909년 수면병 치료에 효과가 있는 것으로 알려져 있는 화합물 아톡실을 이용한 다양한 동물실험을 하게 된다. 아톡실은 강한 독성을 가진 비소가 포함된 화합물이다.

아톡실 연구에 대한 에를리히의 엄청난 노력과 끈기는 화합물에 붙여진 숫자로 가늠할 수 있다. 매독의 치료제인 살바르산의 이름이 화합물 606이었던 이유는 그가 만들어낸 900개가 넘는 화합물 중 606번째 물질이라는 의미다.

화합물606은 수면병에는 듣지 않았으나 매독의 원인균인 스피로헤타균에는 치명적이었다.

드디어 1912년 살바르산을 가장 안정성 있으며 제조공정이 쉬운 방법으로 개량한 네오살바르산이 시판되었고 대성공을 거두게 되었다. 네오살바르산의 번호는 화합물 904번이었다.

에를리히의 발견은 의학과 약학의 발전에 새로운 전환점을 제시했으며 화학요법의 기초를 확립했다. 살바르산은 매독에 걸린 수많은 생명을 구했으며 1928년 페니실린이 나오기 전까지 항생제로서 충분한 역할을 했다. 많은 학자들은 에를리히를 최초의 항생물질 발견자로 기억하며 그의 업적을 기리고 있다.

65 블랙홀

1915년 아인슈타인은 일반상대성이론을 발표했다. 이후 100년 동안 물리학자들은 아인슈타인이 설계하고 예측한 우주를 입증하는 일만으로도 시간이 벅찼다. 아인슈타인의 우주는 너무나 어려웠고 때론 엄청나게 방대했다. 그중 하나가 블랙홀-아인슈타인이 지은 이름은 아니다-이다. 블랙홀도 일반상대성이론만큼 우리의 상상력을 자극하는 또 하나의 천체이다.

카를 슈바르츠실트.

카를 슈바르츠실트는 뛰어난 수학 실력을 소유한 독일의 천재 천문학자이다. 1916년, 그는 어렵기로 유명한 아인슈타인의 중력장 방정식을

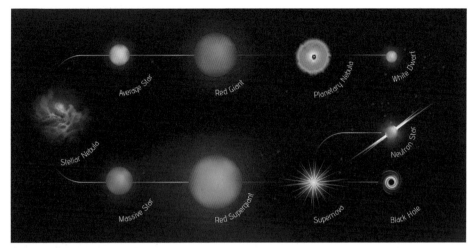
별의 탄생부터 별의 죽음까지 순환되는 과정.

풀어냈다. 초고밀도의 별이 붕괴할 때 상상 할 수 없을 정도의 중력이 작용하여 시공간을 휘게 하고 빛조차 빠져나올 수 없는 미스터리 천체에 대해 수학적으로 입증해냈다. 탈출 속도, 사건의 지평선과 같은 블랙홀을 설명하는 용어를 만든 학자가 슈바르츠실트이다.

아인슈타인이 상상한 블랙홀은 결국 슈바르츠실트에 의해 수학적으로 입증되었다. 하지만 이후 크게 주목받지 못하다가 50여 년이 흐른 1971년 미국의 물리학자 존 휠러가 블랙홀을 발견하면서 다시금 부활하게 된다.

블랙홀은 휠러가 이름을 명명하기 전까지만 해도 변변한 이름조차 없었던 가상의 천체로 취급당했다. 빛조차 빠져나올 수 없어 보이지도 않는다는 블랙홀의 실체를 증명하는 것은 거의 불가능해 보였다. 하지만 영리한 과학자들은 보이지 않는 별을 관찰하기 위해서는 보이는 별 주변을 관찰해야 실체에 다가설 수 있음을 알게 되었다.

나사에서 제작한 블랙홀 이미지.

휠러는 백조자리 쌍성 중 하나인 X-1의 수상한 움직임을 관찰했고 그 결과 블랙홀 주변을 돌고 있다는 결론에 최초로 도달하게 되었다. 결국 2019년 4월 전 세계에 퍼져 있는 8개의 전파망원경을 동원한 가상의 '이벤트호라이즌' 망원경을 통해 최초로 블랙홀 실사 사진을 촬영하는 데 성공함으로써 블랙홀은 완전히 증명되었다.

블랙홀의 발견은 아인슈타인의 일반상대성이론의 확실한 증거 중 하나다.

이것은 현대 천문학과 물리학의 시초인 아인슈타인의 이론이 틀리지 않았음을 증명해주는 것이기도 하다. 블랙홀은 인류가 우주의 신비를 푸는 여정에 중요한 이정표가 되었다.

나사에서 제작한 백조자리 X-1의 블랙홀 가상 이미지.

아인슈타인의 상대성이론은 2019년 불가능하다고 이야기되던 블랙홀의 사진을 찍는 것까지 성공했다. 그렇다면 시간여행도 가능해지게 될까

66 세포 분열

1865년, 멘델은 유전 법칙을 발견한다. 그리고 17년이 흐른 뒤 독일 출신의 생물학자이자 의사인 발터 플레밍은 세포 분열과정을 발견하게 된다. 하지만 정작 플레밍은 자신의 발견이 얼마나 대단한 일인가를 당시에는 알지 못했다.

플레밍은 현미경을 이용해 세포 관찰하는 것에 관심이 많았다. 하지만 세포질 속의 물질들은 현미경으로도 관찰하기 매우 어려웠다. 생물학자들은 다양한 세포염색법을 이용해 세포질 내부의 물질들을 선명하게 관찰하기 위해 노력했다. 그러나 염색과정에서 세포들은 대부분 죽어버렸다.

발터 플래밍.

플레밍 또한 이러한 어려움이
연구의 발목을 잡고 있었다.

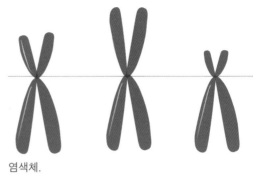

염색체.

세포를 죽이지 않는 염색법을
고심하던 플레밍은 새롭게 개발
한 염색법을 이용하여 실과 같
은 모양을 가진 물질을 발견하
게 된다. 그리고 염색된 그 물질
에 색을 의미하는 그리스어를 붙여 염색질이라고 명명했다.

플레밍은 이 염색법을 이용한 도롱뇽 배아 연구를 통해 세포 분열 현상을
발견했다. 그리고 세포 분열 과정 중에 염색질이 짧고 실처럼 생긴 물질에 모
여 있음을 발견하게 된다.-후에 짧고 실처럼 생긴 물질은 염색체라고 명명된

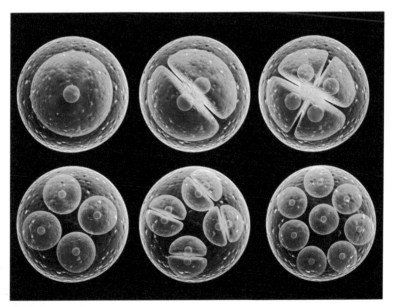

세포 분열의 단계.

다－이 염색체가 세포 분열에 있어 매우 중요한 역할을 한다는 것을 알게 된 플레밍은 염색체의 모양이 실처럼 생겼음에 착안하여 세포 분열의 과정을 유사분열有絲分裂이라고 불렀다.

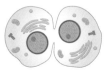

유사분열의 과정. 유사분열은 체세포 분열의 다른 말이다.

그의 발견은 염색체와 세포 분열이라는 가장 핵심적이고 기초적인 개념을 확립함으로써 생물학과 유전학의 토대를 만들었다.

만약 플레밍이 멘델과 이야기를 나눌 수 있었다면 멘델은 플레밍의 발견에 대단히 흥분했을지도 모른다. 부모의 형질이 다음 세대로 어떻게 이어지는가 하는 멘델의 의문에 물꼬를 튼 발견이었기 때문이다. 또한 플레밍의 발견은 유전학이 생물학에서 독립적인 분야로 자리를 잡을 수 있는 기틀을 마련했다.

유전학의 첫 페이지를 쓴 것은 멘델이었으나 유전학을 한 걸음 더 진보하게 만든 것은 발터 플레밍이었다.

세포 분열 실제 모습.

생태계 67

어느 날 지구상에서 벌이 사라진다면 어떤 일이 일어날까? 대다수의 사람들은 벌이 사라지는 일이 우리 삶과 어떤 연관성이 있는지 크게 인식하지 못한다. 벌이 사라진다면 지구에는 대혼란이 일어난다. 지구 생태계는 거의 무너지고 인간 또한 식량난으로 굶어 죽게 될 것이다. 작은 벌의 생존이 전 지구를 위태롭게 만들 만큼 우리는 서로 연결되어 있는 것이다.

이러한 생물 종 간의 연결성을 처음으로 인지한 사람은 영국의 식물

학자 아서 탠슬리였다. 1920대 후반 영국 생태학회에서 실시한 식물조사에 참여하게 된 탠슬리는 식물의 생존이 식물을 먹고 사는 동물을 연구하지 않으면 안 된다는 사실을 알게 되었다. 그리고 식물과 연관된 동물, 동물과 연관된 미생물, 기후, 강수까지 조사의 영역을 확장시켜 나갔다.

지구의 모든 생물과 환경은 서로에게 영향을 주고 있다.

이 조사를 통해 탠슬리는 모든 생물이 하나의 유기체처럼 연결되어 있다는 것을 발견하게 된다. 지구의 생물과 자연환경은 서로에게 영향을 주고받으며 거대한 싸이클 안에서 살아가고 있는 것을 알게 된 것이다.

탠슬리 이전에도 수많은 학자들이 동물, 식물, 기후, 대기 환경 등을 연구해

오고 있었다. 하지만 퍼즐의 조각처럼 분리된 각각의 연구들을 하나로 모으고 무생물인 대기에서부터 태양, 작은 곤충, 동물, 식물. 인간을 포함한 전 지구적인 환경을 하나로 묶어 생태계라는 개념을 발전시킨 사람은 탠슬리가 처음이었다. 탠슬리는 생태계라는 개념을 발견한 것이다.

생태계라는 개념의 발견은 생태학에 대한 이해와 발전에 큰 역할을 했으며 환경운동을 이끌어냈다. 오늘날 지구 온난화와 미세먼지 그리고 북극곰의 죽음이 따로 떨어져 있는 문제가 아님을 많은 사람들이 인식하고 있다.

현대인들에게 아서 탠슬리의 발견은 인간 또한 대자연의 일부라는 생각을 갖게 해주었고 자연에 대한 인식의 폭을 넓혀주었다.

빅뱅 68

한국인에게 널리 알려진 천문학 용어가 있다면 무엇일까? 동명의 아이돌 그룹 덕분일 수도 있겠지만 빅뱅이라는 단어는 대부분의 사람들이 알고 있는 천문학 용어 중 하나일 듯싶다.

빅뱅이란 용어를 명명하고 이론을 만든 학자는 미국 천문학자 조지 가모브다. 가모브는 무척 유쾌하고 유머가 넘치는 천문학자였다. 풍부한 상상력으로 수많은 우주 이론을 만들어 내기도 했다.

가모브가 활동하던 시기에 허블은 우주 팽창론을 증명해냈다. 이로 인해 과학자들은 우주의 기원에 대해서 관심을 가지기 시작했다.

조지 가모브.

1927년 벨기에 천문학자 조르주 메트르는 허블의 이론을 기초로 우주알 이론을 주장했다. 우주알 이론은 우주가 과거의 어느 시점에 초고밀도 입자로 압축되어 있었다는 이론이었다. 가모브는 우주알 이론에 매우 흥미를 가지게 되었지만 우주알 이론은 선행된 연구 데이터와 수학적 연구가 전무한 상태였다. 미개척지와 같은 상황이었던 것이다.

가모브는 1948년 일반상대성이론을 기본으로 자신이 세운 태양 불꽃에 대한 수학 모형과 원자 폭탄연구, 다양한 원자핵의 고에너지 복사 테이터 등을 활용하여 우주알 폭발 모형인 빅뱅 이론을 완성했다. 또한 빅뱅의 증거로 우주배경복사를 예측했다. 이것은 빅뱅 이후 초고온의 우주가 팽창하는 과정 중에 식어서 생긴 차가운 에너지 흔적이었다.

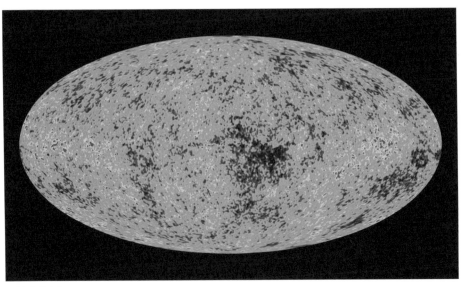

우주배경복사.

당시 가모브의 이론은 큰 이슈가 되지 못했다. 하지만 1965년 고감도 전파검출기에 의해 우주배경복사가 발견되면서 그의 이론은 사실임이 입증되었다.

가모브의 발견은 우주의 시초를 밝히려는 첫 번째 과학적 도전이었다.

빅뱅 이론은 우주의 기원부터 현재 우주에 이르기까지 우주의 발전상을 수학적이고 과학적으로 설명이 가능하게 해 주었다. 그의 발견으로 인해 인류는 지구 밖을 넘어 우주의 기원을 탐구하는 데까지 의식을 확장시킬 수 있었다.

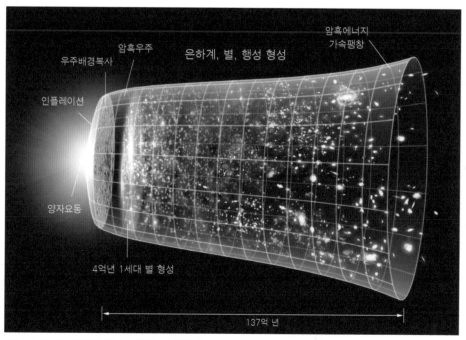

우주의 역사는 그림과 같은 과정을 거쳐왔다.

우주는 우리가 알지 못하는 무수한 형태와 비밀을 간직하고 있다. 그리고 인간은 그 비밀을 풀기 위해 끝없이 연구 중이다.

기원전 245년, 널빤지의 원리가 궁금했던 그리스의 천재 수학자 아르키메데스는 나무토막 받침대와 나무 마대기를 이용해 다양한 관찰과 실험을 했다. 그리고 그는 나무 막대기의 중심점을 기준으로 힘점과 받침점 간의 길이의 비에 따라 적은 힘으로도 무거운 물건을 들어 올릴 수 있는

수학적인 원리를 발견하게 되었다. 지레의 원리를 발견한 것이다.

아르키메데스의 발견은 인류가 찾아낸 가장 위대한 발견 중 하나일 것이다. 이후 사람들은 지레의 원리를 이용하여 병따개, 손톱깎이, 가위, 핀셋, 젓가락, 낚싯대 등 수많은 도구를 탄생시켰다. 아르키메데스는 지레의 원리를 수학적으로 설명한 최초의 과학자였다.

지레는 부력, 도르레, 바퀴와 더불어 세상을 획기적으로 변화시킨 과학기술의 기초 원리가 되었다. 그로 인한 과학과 기술력의 발전은 인류 문명을 더 풍요롭게 발전시켰다.

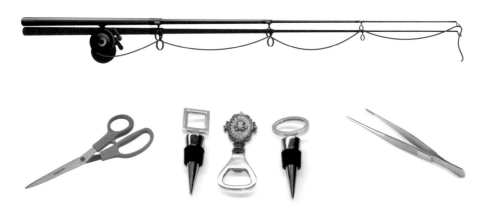

낚싯대, 가위, 병따개, 핀셋 모두 지레의 원리를 이용하고 있다.

16~18세기 유럽은 과학혁명이라 불리는 근대과학이 시작되고 있었던 시기다. 이 시기의 가장 큰 변화는 수학이 과학적 탐구에 적극적으로 이용되었으며 실제적인 관측과 실험을 통해 이론을 증명하는 탐구 방법이 시작되었다는 것이다. 더 이상 신의 위대한 목적을 밝히려는 과학이 아닌 객관적이고 입증 가능한 사실을 바탕으로 자연현상의 규칙성을 찾아내는 것에 초점이 맞추어지게 되었다.

근대과학을 이끌었던 과학자들에는 지동설을 주장한 코페르니쿠스로부터 케플러, 갈릴레이,

아이작 뉴턴.

데카르트를 지나 그 최정점에 아이작 뉴턴이 있었다.

1666년 영국 런던에 페스트가 돌자 학업을 잠시 중단하고 시골 고향 집에 머물던 뉴턴은 힘에 대한 궁금증으로 매일 그 문제를 생각했다

왜 사과는 떨어지는데 저 하늘 위에 달은 지구로 떨어지지 않는 것일까? 지구는 태양을 향해 돌진하지 않고 주변을 잘 도는 것일까?

그의 사색은 점점 깊어져 갔다. 결국은 달이 지구가 잡아당기는 힘과 우주로 날아가려는 힘의 균형에 의해 하늘에 떠 있게 되었다는 결론을 내린다. 그리고 달을 끌어당기는 힘과 사과를 끌어당긴 힘은 같은 것임을 알게 된 뉴턴은 이 모든 힘의 관계를 수학식으로 풀어냈다. 중력을 발견한 순간이었다.

뉴턴의 발견은 지구를 포함한 우주까지 모두 통용되는 힘이었다. 온 우주

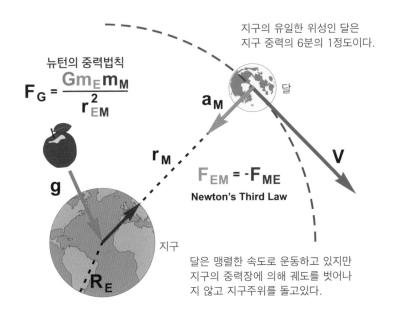

뉴턴의 중력법칙

$$F_G = \frac{G m_E m_M}{r_{EM}^2}$$

지구의 유일한 위성인 달은
지구 중력의 6분의 1정도이다.

달

a_M

r_M

g

V

$F_{EM} = -F_{ME}$

Newton's Third Law

지구

R_E

달은 맹렬한 속도로 운동하고 있지만
지구의 중력장에 의해 궤도를 벗어나
지 않고 지구주위를 돌고있다.

에 존재하는 질량을 가진 물체에는 중력이 작용하며 그것을 만유인력이라 이름 붙였다.

우주의 4대 기본 힘 중 하나인 중력은 낙하 현상, 부력, 양력, 마찰력 등에 관여한다. 또한 건축, 측량, 항공, 조선, 우주산업 등의 인류가 이루어낸 거의 모든 과학기술에서 중력을 고려하지 않으면 발전할 수 없었다.

중력의 발견은 현대과학의 토대가 되었으며 뉴턴으로 인해 물리학이 시작되었다. 뉴턴은 온 우주에 작용하는 힘의 법칙을 아주 명료하고 간단한 수학 방정식을 통해 통합해낸 최초의 과학자였다.

뉴턴이 설계한 우주는 아인슈타인이 등장하기 전까지 물리학자들에게 신앙이 될 만큼 절대적인 것이 되었다.

뉴턴의 중력 발견은 조선, 건축, 항공우주산업, 측량 등 다양한 분야에서 쓰이고 있다.

전기의 성질

비바람이 거세게 불고 번개가 치는 날, 철사를 매단 연을 들고 들판에 서 있는 사람이 있다면 우리는 그 사람을 정신이 나갔거나 죽으려고 결심한 사람이라고 생각할 것이다. 보통사람으로서는 상상할 수조차 없는 이 엄청난 일을 과학적 호기심 하나로 감행한 과학자가 있었다. 그는 미국의 정치가이자 과학자인 벤저민 플랭클린이다.

벤저민 플랭클린.

1752년 폭풍이 몰아치던 어느 날, 플랭클린은 직접 제작한 연을 하늘로 날려 보내고 있었다. 연 아래에는 열쇠를 달아 라이덴병과 같이 축전기의 역할을 하도록 했다. 연 끝에는 얇은 철사를 매달았다. 아마 그는 자신이 얼마나 위험천만한 실험을 하고 있는지 몰랐을 것이다. 그렇지 않고서야 번개가 연에 직접 때려 주기를 원하지 않았을 것이기 때문이다.

1878년 과학서에 실린 라이덴병.

순간 번개가 쳤고 연줄을 타고 흘러 내려온 번개는 연 끝에 매단 열쇠에 모였다. 이내 플랭클린은 연줄을 타고 내려오는 전기를 볼 수 있었다. 또한 연줄에 생긴 청색 빛의 방전 현상과 열쇠에서 전기 스파크가 일어나는 것을 직접 목격하고 체험할 수 있었다. 다행스럽게도 그가 원하는 대로 번개가 연을 직접 때리지는 않았지만 연 끝에 달린 철사는 빳빳하게 곤두서 있었다.

플랭클린은 이 실험을 통해 우리 생활 속에서 볼 수 있는 정전기와 라이덴병(축전기)에 모인 전기현상이 번개와 같은 현상이라는 것을 발견하게 된다. 플랭클린의 발견으로 번개의 위험으로 벗어날 수 있는 피뢰침이 탄생하게 되면서 우리는 번개의 공포로부터 벗어 날 수 있었다.

플랭클린의 발견은 볼타, 페러데이, 외르스테드 등에게 큰 영향을 주어 전기 연구의 발전에 초석이 되었다. 우리가 배터리, 전등, 전동기와 같은 전기 기술의 혜택을 받을 수 있게 된 것은 이들의 연구 덕분이다. 현대의 편리한

번개를 연구해 전기 연구의 초석이 마련되었고 이제 세상은 전기로 가득찼다.

생활과 첨단 기술의 발전은 전기가 없었으면 불가능한 일이었다. 현대문명의 근간이 되고 있는 전기 연구의 첫 장은 벤저민 플랭클린의 무모한 실험으로 부터 시작되었던 것이다.

72 방사선

1903년 방사능 연구로 노벨 물리학상을 받은 퀴리 부부 옆에는 프랑스의 물리학자 앙리 베크렐이 함께 했다. 실제적으로 베크렐은 퀴리 부부보다 먼저 방사능 연구를 했던 학자였다.

3대째 내려오는 과학자 집안 출신답게 베크렐은 과학 엘리트로 성장했다.

앙리 베크렐.

뢴트겐이 X-선을 발견하자 베크렐은 X-선에 많은 관심을 보이게 되었다. X-선으로부터 시작된 그의 연구는 우라늄에 집중된다.

1896년 베크렐은 우라늄에서 방출되는 새로운 광선을 발견했고 베크렐선이라 이름 붙인다.

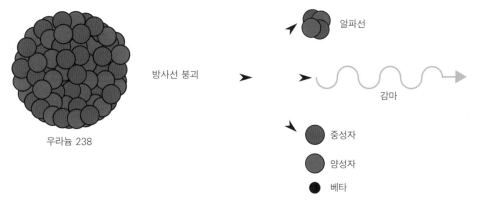

우라늄 238

방사선 붕괴

알파선

감마

중성자

양성자

베타

방사선.

후에 베크렐선은 마리 퀴리에 의해 방사선이라고 불린 다. 베크렐의 발견은 뢴트겐의 X-선에 비해 주목받지 못했다. 하지만 베크렐은 퀴리 부부의 연구에 선도적 길 을 제시한 학자였다.

방사선 기호.

퀴리 부부는 베크렐의 연구를 다른 물질에까지 확장시 켜 방사선의 정체에 대해서 입증했다. 방사선은 방사능 현상에 의해 방출되는 광선임을 퀴리 부부가 밝혀내게 되면서 다시 주목받게 된다. 베크렐은 방사선 을 최초로 발견한 과학자였다.

현재 방사선은 다양한 용도로 이용되고 있다. 대표적으로 병원에서 종양과 암 치료에 사용되고 있으며 방사선 사진에도 이용되고 있다. 방사선 연대측정 을 통해 지구의 나이를 계산하거나 우주탐사에 사용되는 우주선의 동력원으 로도 쓰인다. 화재감지기에는 아메리슘이라는 방사능 물질에서 방출되는 방 사선을 이용해 연기를 감지하고 있다.

암 치료.

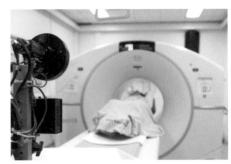

방사선을 이용한 의료장비.

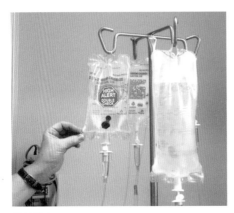

항암치료.

화재감지기.

우주선.

방사능과 방사선은 매우 위험하지만 한편으로는 인류의 삶을 혁신적으로 발전시킬 수 있는 물질이다. 어떻게 사용할 것인가는 인류의 선택에 달려 있다.

73 양자역학

과학자에게 있어 새로운 세계로 향하는 문을 연다는 것은 매우 독보적인 영광이면서도 천재적인 능력이 필요한 일이다. 뉴턴이 그랬고 아인슈타인이 그랬다. 뉴턴이 물리학의 세상을 열었다면 아인슈타인은 물리학을 유명하게 만들었으며 뉴턴의 우주를 새롭게 재창조했다.

현대 물리학에 있어 아인슈타인과 함께 양대 산맥으로 불리는 양자역학의 세계를 연 사람은 독일의 물리학자 막스 보른이다. 그는 양자역학이라는 용어를 최초로 사용한 물리학자였다.

보른은 20여 년간 물리학계가 풀지 못한 소립자의 이상한 행동들에 대한 해답을 처음으로 체계적이고 수학적으로 설명한 물리학자였다.

이후 양자역학은 20세기 물리학의 핵폭탄이 되었다.

양자역학에 기여한 대표적인 과학자 10인

막스 플랑크.

알베르트
아인슈타인.

닐스 보어.

루이 드 브로이.

막스 보른.

폴 디락.

베르너
하이젠베르크.

볼프강 파울리.

에르빈 슈뢰딩거.

리처드 파인만.

양자역학은 현대 물리학에 있어 원자와 핵, 고체물리학의 기초가 되었으며 베르너 하이젠베르크, 폴 디락, 막스 플랑크 등 당대 천재 물리학자들에게 영향을 미쳤다. 보른에 의해 신비하고 이상한 양자의 세계가 열리게 된 것이다.

일반적인 물리학의 용어로는 설명될 수 없었던 소립자 세계로의 여행은 현대 물리학자들의 난제이면서도 흥분되는 여행이 되고 있다. 또한 양자컴퓨터, 양자통신 등 최첨단 기술의 가능성을 열며 새로운 4차 산업혁명의 시대를 예고하고 있다.

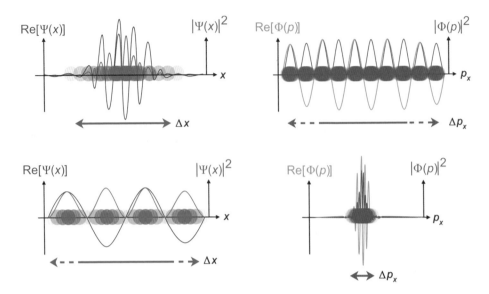

양자역학에 중요한 파동함수.

평행우주론을 설명하기 위해서는 양자역학이 필요하다.

전자기파 74

전기와 자기력은 별개의 현상이 아닌 서로 연관되어 있다는 사실을 최초로 발견한 사람은 1820년 덴마크의 물리학자 한스 외르스테드이다. 외르스테드에 이어 패러데이는 전자기유도를 발견함으로써 전기와 자기 현상이 밀접한 관계가 있음을 실험을 통해 증명했다. 그럼에도 불구하고 19세기 후반까지 전기와 자기 현상의 관계성은 명확

제임스 클러크 맥스웰.

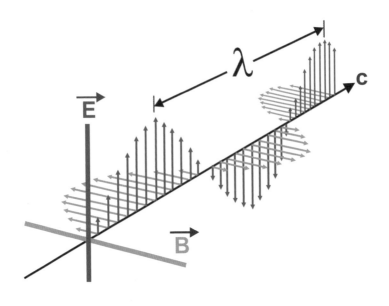

하게 밝혀지지 않았다.

1864년 전기와 자기력은 따로 떼어 낼 수 없는 전자기 현상임을 수학적 방정식을 통해 입증해낸 과학자가 있었다. 그는 영국의 이론 물리학자 제임스 클러크 맥스웰이다.

맥스웰은 수학으로 우주를 설명하고자 했다. 토성의 고리, 열과 기체 운동 등을 수학 방정식으로 설명하기도 했다.

패러데이의 전자기유도에 관심을 가지게 된 맥스웰은 전자기에 관한 유명한 4가지 방정식인 맥스웰 방정식을 발표하게 된다. 이후 빛 또한 전자기파 중 하나임을 발견하고 또 다른 전자기파의 가능성을 예측하게 된다.

맥스웰의 이러한 예측은 1896년 빌헬름 뢴트겐이 X-선을 발견함으로써 입증되었다. 1888년 하인리히 헤르츠는 맥스웰의 방정식에 따라 실험을 했고

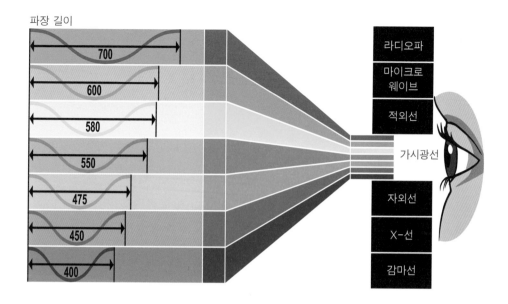

파장 길이

라디오파
마이크로
웨이브
적외선
가시광선
자외선
X-선
감마선

700
600
580
550
475
450
400

그 과정에서 라디오파를 만들어 내게 되었다. 이 과정을 통해 전자기파는 전선 없이 공중으로 퍼져 나갈 수 있다는 맥스웰의 주장을 증명하게 되었다. 맥스웰의 발견은 물리학계를 뒤집어 놓을 만한 엄청난 발견이었다. 물리학에 있어 맥스웰의 위치는 뉴턴과 아인슈타인에 견줄 만하다.

맥스웰은 전기와 자기 에너지를 전자기파로 통합해 냈으며 그에 대한 4가지 법칙을 수학적으로 확립한 최초의 물리학자였다. 그리고 빛, X-선, 감마선, 라디오파 등이 전자기파의 일종임을 예측했다.

맥스웰 이후 물리학은 물리적 본질에 대한 관점이 바뀔 정도로 맥스웰의 영향력은 엄청난 것이었다. 현재 우리의 실생활에 밀접하게 이용되고 있는 과학적인 혜택의 핵심적인 부분은 맥스웰의 발견으로부터 시작되었다고 해도 과언이 아닐 것이다. 그는 우주의 기본 4가지의 힘 중 전자기력을 인류가 자유

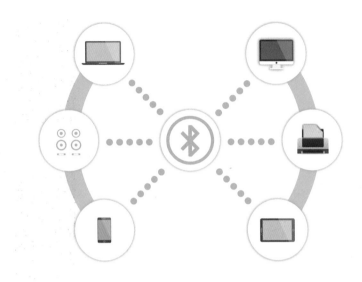

블루투스가 이용되는 다양한 제품들.

자재로 사용할 수 있는 기반을 만들어 주었다.

전자기파의 발견은 5G 통신, 와이파이, 블루투스, DMB, AM 라디오 등의 무선통신을 가능하게 했다. 무선통신의 발전으로 변화를 맞게 된 세상은 4차 산업 혁명 시대의 문을 여는 시작이었다.

와이파이.

반도체 트렌지스터 75

스마트폰은 인류가 지금까지 쌓아 온 전기, 전자 기술의 집대성이라고 할 만큼 핵심적인 도구가 되었다. 정치, 경제, 문화 등 사회 전반에 걸쳐 스마트폰만큼 우리의 삶을 통째로 바꿔 놓은 도구는 없을 것이다. 이것이 가능했던 이유는 트랜지스터가 있었기 때문이다. 스마트폰뿐만 아니라 텔레비전, 라디오, 태블릿 PC, 노트북, 전자제품의 집적회로(IC) 등 우리가 현재 사용하고 있는 모든 전자제품에는 트랜지스터가 사용되고 있다.

벨 연구소의 존 바딘, 윌리엄 쇼클리 그리고 월터 브래튼(1948년).

20세기 전자 혁명을 몰고 온 트랜지스터를 개발한 사람은 미국의 물리학자 존 바딘이었다. 1947년 바딘은 그의 동료인 윌리엄 쇼클리와 월터 브래튼과 함께 반도체를 연구하게 되었다. 많은 전력 소모에 비해 잘 깨지며 엄청난 크기를 자랑했던 유리 진공관을 대체할 새로운 전자부품을 찾고 있던 바딘은 반도체인 게르마늄에 관심이 쏠린다. 바딘은 납땜으로 게르마늄에 전선을 연결하여 전류가 흐른다는 것을 알아내게 된다.

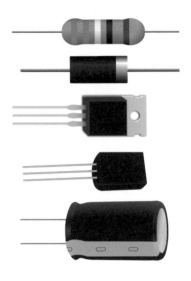

트랜지스터의 형태는 다양하다.

수많은 실험의 실패 끝에 반도체인 게르마늄이 강한 전류에는 저항이 커지고 약한 전류에는 저항이 약해지는 현상을 발견하게 된다. 결론적으로 반도체가 강한 전류는 약하게 만들고 약한 전류는 증폭을 함으로써 저항을 바꾸는 역할을 한다는 것이다.

바딘은 이러한 현상에 대해 저항을 옮긴다는 의미로 트랜지스터라 명명했다. 트랜지스터는 유리 진공관에 비해 50배 작았으며 전력 소모량은 백만분의 1밖에 안 되었지만 성능은 비교할 수 없을 정도로 뛰어났다.

트랜지스터의 개발로 인해 전자제품의 크기는 혁신적으로 작아졌으며 가벼워졌다. 또한 통신과 계산용 논리회로와 칩의 필수부품이 되었으며 오늘날의 전자 혁명과 정보화시대를 가져다주었다.

존 바딘은 이 공로를 인정받아 1956년 그의 동료들과 노벨물리학상을 받았다.

현재 트랜지스터의 집적도는 분자상태까지 작아진 상태이다. 작은 스마트폰 하나가 TV, 라디오, 음향기기, 사진기 등 수백까지 전자제품을 합친 만큼의 기능을 할 수 있는 이유도 트랜지스터의 집적도가 높아졌기 때문이다. 트랜지스터의 발전은 이제 원자 단계까지의 직접도를 바라보고 있다. 양자컴퓨터, 양자통신의 가능성은 트랜지스터가 얼마나 작아질 수 있느냐에 달린 것이다. 이제 전자, 전기, 통신 기술의 발전은 트랜지스터의 발전과 비례한다.

5G의 초연결 시대를 맞이하고 있는 요즈음! 그것을 뒷받침하고 있던 수많은 핵심 기술 중에는 존 바딘의 발견이 있었다.

다양한 분야에 사용되는 트렌지스터.

76 핵융합

오랜 세월 태양은 지구 생명의 근원이며 무한한 에너지원이었다. 태양에너지를 이용 할수만 있다면 다가오는 수천 년 동안 인류의 에너지 걱정은 사라지게 될 것이다.

1951년, 미국 프린스턴 대학의 플라스마 물리학 연구실에서는 인류의 바람을 이루어낼지도 모를 엄청난 사건이 벌어지고 있었다. 비록 1.5초간의 짧은 순간이었지만 인공 태양을 만들어 낸 것이다. 그 주인공은 미국의 이론 물리학자 라이먼 스피처였다.

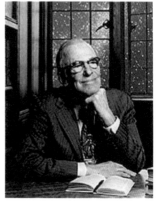

허블망원경의 아버지 라이먼 스피처.

스피처는 직접 제작한 수소 플라스마 핵융합

로인 스텔라레이터^{stellarator}를 이용해
플라스마 상태의 수소를 헬륨원자핵
으로 융합하는 실험에 성공했다.

많은 과학자들이 핵융합은 태양에
서나 가능한 초고온의 압력과 온도
에서 발생하는 반응이라고 생각했
다. 하지만 스피처는 세계 최초로 지
구상에서 핵융합이 가능하다는 것을
발견했다.

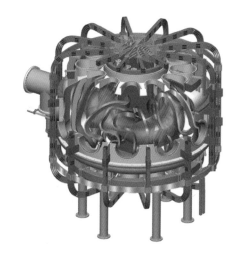

스텔라레이터의 3D 이미지.

핵융합 반응은 수소가 헬륨으로 융
합되는 과정에서 상상할 수 없을 정도의 에너지가 발생한다. 그것은 무한한
에너지이며 공해가 없는 청정에너지로 부산물 또한 안전하다.

핵융합 기술이 완벽하게 실현된다면 인류는 또 한 번 진보할 수 있을 것이
다. 하지만 현재까지 핵융합 현상은
실험실에서만 볼 수 있는 반응이다.
실용화되기에는 갈 길이 멀다.

스피처의 발견은 핵융합의 가능성
을 보여줬다는 것으로도 매우 의미
가 있었다. 안타깝게도 핵융합 기술
이 먼저 이용된 것은 수소폭탄 제조
였다. 청정에너지로 사용될 수 있는
날은 아직 멀어 보인다. 하지만 핵

핵융합-수소폭탄-원자폭탄과 수소가 결합하
기 때문에 위력이 원자폭탄보다 더 강하다.

융합 기술에 대한 인류의 선택이 어디로 향하는가에 따라 미래는 달라질 것이다.

핵융합로 토카막의 이미지.

인쇄술 77

인류가 이루어 낸 혁명적 발명 중 인쇄술은 단연 최고라 할 수 있다. 인쇄술은 한 시대와 문명의 발자취를 고스란히 보전하고 보급해왔다. 그 파장은 시대를 바꿨으며 역사를 바꿨다.

인쇄술의 기원은 동양이다. 세계에서 가장 오래된 목판 인쇄물은 우리나라의 무구정광대다라니경이다. 활판 인쇄 또한 중국에서 11세기경 발명되었다.

우리나라는 세계 최고의 인쇄술을 가지고 있는 나라이다. 금속활자를 이용한 활판 인쇄의 시초 또한 고려 시대이다. 하지만 동양의 인쇄술은 목

요하네스 구텐베르그.

우리나라의 《직지심체요절》은 세계에서 가장 오래도니 금속활자로 인쇄한 책이다.

국립중앙박물관에 전시된 《무구정광대다라니경》 (복제품).

판인쇄가 오래도록 유지되어왔다.

동양에서 인쇄술이 먼저 시작되었음에도 서양에 비해 정교화되지 못한 이유에는 다양한 관점이 있지만 한자 문화권이었던 우리나라만 보더라도 대중을 위한 것이라기보다 권력층인 양반들과 나라의 문서를 보존하기 위한 목적이 더 컸다.

서양의 활판 인쇄술이 빠르게 발전할 수 있었던 이유는 알파벳의 간단함 때문이다. 수천 자에 달하는 한자에 비해 알파벳은 26자로 이루어져 있어 활판 인쇄가 훨씬 유리했다. 서양의 활판 인쇄는 독일의 기술자인 요하네스 구텐베르그가 1440년대에 최초로 발명했다.

인쇄술의 발달이 서구사회에 미친 영향은 엄청나다. 가장 먼저 엄청난 양의 정보가 사람들에게 보급되기 시작했다. 수많은 인쇄소가 생겨났으며 인쇄소에서 출판되는 책의 양은 폭발적으로 늘어나게 되었다. 그 결과 지식이 대중화되기 시작했다.

책을 통한 정보가 널리 보급되자 지식인층이 늘어나게 되었다. 교회와 국가로부터 주입받은 지식이 아니라 스스로 읽고 생각하면서 이해하고 탐구하기 시작한 지식은 사람들을 변화시켰다. 그리고 서구사회는 큰 변화의 시기를 맞게 된다. 많

활판인쇄술.

은 사람들은 신 중심의 질서에 의문을 품게 되었고 그 결과 르네상스와 종교개혁, 과학혁명을 통해 근대사회의 문을 열게 되었다.

서구사회가 빠르게 과학과 문화를 발전시켜 성장할 수 있었던 원동력 안에는 인쇄술의 빠른 발전이 있었기 때문에 가능했던 일이다.

초기 활판 인쇄는 주로 성경을 찍는 데 이용되었다.

구텐베르그의 활판 인쇄로 인쇄된 성경 본문 중 일부.

🔬 찾아보기

영문

DNA 분자구조　　69, 121, 149
DNA 이중나선 구조　　69
$E=mc^2$　　64
J. J. 톰슨　　86
J. W. 하이엇　　89
X-선　　69, 250

ㄱ

가모브의 이론　　239
각기병　　144
갈릴레오 갈릴레이　　151
강력　　163
거시 세계　　175
거품상자　　198
고무　　51
골지염색법　　220
공룡 화석　　34
공생관계　　211
공생진화론　　211
구스타프 키르히호프　　82
굴절 공간 개념　　158
그레고리 핀커스　　58
그레고어 멘델　　31
근대과학　　243
기디언 맨텔　　33

ㄴ

낙하 현상　　245
네오살바르산　　225
뉴런　　191

ㄷ

당뇨병　　48
대기권　　136
대류권　　135
대류확장설　　104
대수학　　15
도널드 글레이저　　198
도플러 효과　　207
독립의 법칙　　32
돌연변이　　148, 212
돌턴의 원자론　　165
동위원소　　171
드로메다　　99
드미트리 멘델레예프　　72
디지털 정보　　200, 202

ㄹ

라부아지에　　38
라이덴병　　248
라이먼 스피처　　264
란트슈타이너　　60
러데이　　257
레옹 테스랑 드보르　　134
로버트 보일　　176
로베르트 분젠　　82
로잘린드 프랭클린　　69
뢴트겐　　250
루이 아가시　　138
루이 파스퇴르　　28
린네 분류법　　124
린 마굴리스　　210

ㅁ

마가렛 생어　　59
마르티뉘스 베이제린크　　203
마리 퀴리　　173
마법 탄환　　224
마찰력　　245
마취제　　97
막스 보른　　254
만유인력　　245
매독　　223
멘델의 유전법칙　　149
모세혈관　　131
무구정광대다라니경　　267
무기화학　　169
물질대사의 과정　　195
미생물학　　132
미시의 세계　　131, 197
미토콘드리아　　222

ㅂ

바버라 매클린턱　　184
바이러스　　203
바퀴　　92
바퀴의 발전　　94
박테리아　　132
반양성자　　214
반입자　　214
발터 플레밍　　230
방사선　　251
백신　　132, 143
백혈구　　61
베게너의 대륙이동설　　104, 108
베타붕괴　　170
베타입자　　170
벤저민 플랭클린　　247
보일의 법칙　　177
부력　　26, 245
분리의 법칙　　32

분자생물학

분자생물학　　70
블랙홀　　160, 226
비타민　　145
비트　　201
빅뱅　　101, 159, 160, 237
빅뱅 이론　　238
빌헬름 뢴트겐　　115
빛스펙트럼 분석법　　83

ㅅ

사건의 지평선　　227
산소　　38, 217
살바르산　　223, 224
상대성이론　　213
생태계　　236
성층권　　135
세균　　203
세바스티앙 바양　　124
세크레틴　　180
세포 분열　　220
세포염색법　　230
세포핵　　220
소립자　　174, 175, 198, 214, 254
수소폭탄　　265
수소 플라스마 핵융합로　　264
스마트폰　　261
스탠리 밀러　　119
스텔라레이터　　265
스펙트럼 분석　　83
식이요법　　146
신경세포　　220
신경전달물질　　193

ㅇ

아르키메데스　　24
아마데오 아보가드로　　167
아메리슘　　251
아미노산　　120, 145
아산화질소　　97
아서 에딩턴　　159
아서 탠슬리　　234
아이작 뉴턴　　244
아인슈타인　　63
아톡실　　224
안드레아스 베살리우스　　110
안톤 판 레이우엔훅　　130
알렉산더 플레밍　　42
알렉산드로 볼타　　79
알베르트 아인슈타인　　158
알파붕괴　　170
알파입자　　170
알프레트 베게너　　107
앙리 베크렐　　250
앙투안 라부아지에　　217

약력	163	
양력	245	
양성자	162, 171, 198	
양자역학	213	
양자전자기학	215	
양전자	214	
어니스트 스탈링	180	
에드먼드 핼리	154	
에드워드 제너	142	
에드워드 테이텀	182	
에드윈 허블	100	
에테르	98	
염색질	231	
염색체	149, 231	
예방의학	143	
오토 뢰비	192	
외계생명체	101	
외과수술	114	
외부은하	99	
요하네스 구텐베르그	268	
우두	142	
우두 백신	142	
우라늄	173	
우열의 법칙	32	
우주배경복사	238	
우주알 이론	238	
우주 팽창	101, 160, 208	
원소주기율표	73	
원시지구	120	
원자	85, 164	
원자폭탄	172	
원핵세포	210	
윌리엄 버클랜드	33	
윌리엄 베일리스	179	
윌리엄 하비	113, 131	
유기화학	169	
유사분열	232	
유전법칙	32, 182	
유전학	32, 187, 232	
음극선 실험	86	
이진법	201	
인간 게놈 연구	187	
인간 게놈의 완성	189	
인간 게놈 프로젝트	188	
인공 원시대기	120	
인도-아라비아 숫자	15	
인두법	143	
인쇄술	267	
인슐린	48	
인조고무	52	
인체 해부	111	
일반상대성이론	65, 158, 175, 226, 238	
일식 실험	159	
입자가속기	197	
입자물리학	87	

ㅈ

자연발생설	27	
자연 선택설	127, 212, 222	
저온살균법	28	
적색편이	100, 207	
적자생존	211	
적혈구	61	
전기 배터리	80	
전기화학	80	
전염병	141	
전위유전자	185	
전자	171	
전자기력	161, 163	
전자기파	258	
전자현미경	205	
정량분석법	169	
제임스 왓슨	69, 121, 188	
제임스 클러크 맥스웰	258	
조지 가모브	237	
존 돌턴	164	
존 바딘	262	
종의 기원	127	
중력	161, 163	
중력의 발견	245	
중력파	160	
중성자	171, 198	
지동설	21, 153	
지레의 원리	242	
지혈겸자	114	
진핵세포	210	
진화론	127, 222	
질량보존의 법칙	218	

ㅊ

찰스 굿이어	51	
찰스 R. 드루	61	
천동설	21, 127	
천연두	141	
천체의 회전에 관하여	20	
청색편이	100	
청정에너지	265	

ㅋ

카를 란트슈타이너	45	
카를로 루비아	162	
카를 슈바르츠실트	226	
카밀로 골지	191, 220	
칼 린네	123	
코페르니쿠스	20	
쿼크	198	
크리스티안 에이크만	144	

클로드 섀넌	200	
클로로포름	98	

ㅌ

토머스 모건	148	
트랜지스터	261	

ㅍ

파스퇴르	143	
파이 중간자	162	
판게아	108	
판구조론	104	
페니실린	42, 132, 225	
페미니즘 운동	59	
포도상구균	42	
폴 디락	213	
폴리에틸렌	90	
푸른곰팡이	42	
프란시스 크릭	69, 121	
프레더릭 밴팅	49	
프레더릭 홉킨스	145	
프리스틀리	39, 217	
프리즘	82	
프리츠 하버	54	
프톨레마이우스	21	
플라스틱	90	
플라스틱 셀룰로이드	89	
플로지스톤설	39	
피뢰침	248	
피임약	58	

ㅎ

하인리히 헤르츠	258	
한스 아돌프 크레브스	194	
한스 외르스테드	16, 257	
항생제	132	
해럴드 유리	120	
해리 헤스	103	
해부학	114	
핵융합	265	
핼리혜성	155	
험프리 데이비	79	
혈액순환계	114, 131	
혈액 응고	45	
혈액형	45, 60	
혈장	61	
형질 유전 연구	149	
호르몬	179, 181	
호모 사피엔스	124	
휘트콤 저드슨	66	
히데키의 이론	162	

참고 도서

당신에게 노벨상을 수여합니다
　　노벨 재단 지음 우경자, 이연희 옮김, 바다출판사

100가지 과학의 대발견
　　켄들 헤븐지음, 박미용 옮김, 지브레인

한 권으로 끝내는 과학
　　피츠버그 카네기 도서관지음, 곽영직 옮김, 지브레인

빅퀘스천 과학
　　헤일리 버치 · 문 키트 루이 · 콜린 스튜어트 지음,
　　곽영직옮김, 지브레인

종이에서 로봇까지 하루 10분 세계사
　　송성수 지음, 생각의힘

고교생을 위한 물리 용어사전
　　신근섭 지음, 신원문화사

죽기 전에 꼭 알아야 할 세상을 바꾼 발명품 1001
　　베탄 패드릭 · 존 톰슨 지음, 이루리 옮김, 써네스트

이미지 저작권